清华社"视频大讲堂"大系

CG 技 术 视 频 大 讲 堂

U0269263

剪映+Premiere + AIGC
短视频制作速成

倪栋◎编著

清華大学出版社

北 京

内容简介

本书是一本学习短视频制作的图书，分为三篇：基础篇、实战篇和网络短剧制作篇。全书内容涵盖短视频制作的多个方面，包括视频制作基础、前期策划准备、拍摄与运镜、剪映+Premiere Pro、ChatGPT等软件和人工智能工具的使用，以及大量的实战案例练习。本书旨在帮助读者掌握短视频制作的基本理论知识，学习各种短视频制作技巧和方法，从而提高短视频制作能力。

本书不仅适合初学者学习短视频制作的基础知识，也适合有一定经验的短视频制作者进一步提升制作水平。本书内容丰富、实用，书中的精彩案例都有配套高清视频讲解，以方便读者观看并跟随练习，是一本不可多得的短视频制作学习参考书。

图书在版编目（CIP）数据

剪映+Premiere+AIGC短视频制作速成 / 倪栋编著 .
北京：清华大学出版社，2024.8. --（清华社"视频
大讲堂"大系 CG 技术视频大讲堂）. -- ISBN 978-7-302
-66997-5

Ⅰ. TP317.53
中国国家版本馆 CIP 数据核字第 20246NZ266 号

责任编辑：贾小红
装帧设计：文森时代
责任校对：马军令
责任印制：杨　艳

出版发行：清华大学出版社
　　　　网　　　址：https://www.tup.com.cn, https://www.wqxuetang.com
　　　　地　　　址：北京清华大学学研大厦 A 座　　　　邮　　编：100084
　　　　社 总 机：010-83470000　　　　　　　　　　邮　　购：010-62786544
　　　　投稿与读者服务：010-62776969，c-service@tup.tsinghua.edu.cn
　　　　质量反馈：010-62772015，zhiliang@tup.tsinghua.edu.cn
印 装 者：小森印刷（北京）有限公司
经　　销：全国新华书店
开　　本：203mm×260mm　　　印　　张：16.25　　　字　　数：427 千字
版　　次：2024 年 10 月第 1 版　　　　　　　　印　　次：2024 年 10 月第 1 次印刷
定　　价：98.00 元

产品编号：101267-01

本书编委会

主　任

倪　栋　湖南大众传媒职业技术学院

执行单位

文森学堂

委　员

邓可可　湖南大众传媒职业技术学院　　　　王师备　文森学堂

唐　楷　湖南大众传媒职业技术学院　　　　仇　宇　文森学堂

杨姝敏　长沙民政职业技术学院　　　　　　李依诺　文森学堂

李夏如　湖南大众传媒职业技术学院

彭　婧　湖南大众传媒职业技术学院

雷梦微　湖南大众传媒职业技术学院

前言
Preface

　　短视频就是时长比较短的视频，随着移动互联网的快速发展，这种"短平快"的视频越来越受到观众的喜爱。

　　本书分为三篇（基础篇、实战篇、网络短剧制作篇），全书共计13课，旨在让读者快速掌握短视频制作的技能，尤其是剪映、Premiere Pro两款视频编辑软件及ChatGPT、Runway人工智能工具的使用，希望能够帮助读者成为优秀的短视频制作达人。

本书特点

◈ 内容丰富，并结合人工智能，涵盖了短视频制作的多个方面，从入门到实战，全方位学习。

◈ 实例练习和综合案例的选择充分考虑了实际项目的需求，让读者可以学以致用。

◈ 图文并茂，让读者可以更直观地了解所学知识。

◈ 作者拥有多年的短视频制作经验，可以为读者提供专业的指导和建议。

本书内容

　　A篇主要讲解短视频制作的前期策划、拍摄与运镜技巧、剪映和Premiere Pro两款视频编辑软件的使用以及人工智能工具ChatGPT、Runway在短视频制作中的应用，并提供了相应的案例练习。读者可以通过学习本篇初步掌握短视频制作的基础理论和操作技巧。

　　B篇通过大量的综合案例和作业练习帮助读者掌握更多的短视频制作技巧以及软件应用技巧，包括文本花字与朗读应用、转场动画应用以及特效综合运用等内容。

　　C篇提供了人工智能参与制作的短视频实战案例，使读者能紧跟技术潮流，快速完成高质量视频的制作。

适合读者

◆　对短视频制作和人工智能感兴趣的初学者。

◆　已经掌握剪映和Premiere Pro软件的基础知识，希望进一步学习短视频制作的人。

◆　已经从事短视频制作工作，希望进一步提高制作技能和水平的人。

如何使用本书

本书可以按照课程顺序逐步学习，也可以根据自己的需求选择感兴趣的部分进行学习。每个部分都包含了基础知识、使用方法和案例练习，读者可以通过阅读本书并结合实操来掌握所学知识。

◆　实例练习：这些练习将帮助读者掌握各种软件的操作基础，为成为一名优秀的短视频制作者奠定坚实的基础。

◆　综合案例：读者将了解如何应用软件技能和短视频制作技巧，完成真实的项目制作。

◆　作业练习：提供制作思路，为读者准备更多的练习机会，帮助读者巩固所学知识，加强实践能力。

读者可以关注"清大文森学堂"微信公众号，进入清大文森学堂—设计学堂，了解更进一步的短视频制作课程和培训，老师可以帮助读者批改作业、完善作品，通过直播互动、答疑演示，提供"保姆级"的教学辅导服务，为读者梳理思路，矫正不合理的操作方式，以多年的实战项目经验为读者的学业保驾护航。

结语

本书由湖南大众传媒职业技术学院倪栋老师编著，文森学堂提供技术支持。另外，湖南大众传媒职业技术学院的邓可可、唐楷、李夏如、彭靖、雷梦薇老师，以及长沙民政职业技术学院的杨姝敏老师也参与了本书的编写工作。其中，倪栋和邓可可负责A01课至A04课的编写及全书的统稿工作，唐楷负责A05课至A07课的编写工作，杨姝敏负责A08课至B02课的编写工作，李夏如、彭靖和雷梦薇共同负责B03课至C02课的编写工作。文森学堂的王师备、仇宇、李依诺负责素材整理及视频录制工作。希望通过本书的出版，可以为读者提供一个全面、系统、实用的短视频制作学习指南，让读者可以快速掌握短视频制作的技能，为自己的事业发展添砖加瓦。

在本书编写过程中，我们尽可能地考虑读者的需求和实际应用场景，但仍然难免存在疏漏和不足之处。如果您在阅读本书时发现了任何问题或者有任何建议和意见，欢迎随时与我们联系，我们将认真听取并及时改进。

最后，感谢您的阅读和支持，祝愿您在短视频制作的道路上越走越远，越来越优秀！

观看视频

素材下载

文森学堂

目录
Contents

A 基础篇

基本概念 基础操作

本篇将介绍制作短视频所需的基础知识以及软件的基本操作，主要包括前期策划、拍摄、构图、剪辑、动画和特效等内容。

随着短视频越来越受人们欢迎，许多人也加入了短视频制作的行列中，他们利用视频记录生活、发挥创意，展示个性和风格。

对于没有任何短视频制作经验的初学者来说，在进行视频制作之前，需要了解关于视频的基础知识，如视频尺寸、帧速率和视频格式等。这些设置能够直接影响影片的最终质量，因此学好视频制作的基础知识非常重要，同时了解这些知识也可以帮助我们更好地适应各种平台的创作需求。

A01.1 了解概念和术语

下面将介绍一些常见的概念和术语，让读者对视频制作有一个基本的认识和了解。

1. 视频尺寸

视频尺寸决定了画面的大小，尺寸越大，画面包含的像素就越多，画面就越清晰。我们经常听到的480p、720p、1080p、2K、4K、8K指的就是不同的视频尺寸，如图A01-1所示。

- 720p：数字高清（high definition，HD），尺寸为1280×720，能够满足一般的视频质量要求。
- 1080p：全高清（full high definition，FHD），尺寸为1920×1080，与720p相比，全高清画面中包含的像素更多，画面更加清晰，是一般播放器常用的视频播放尺寸。
- 2K：指屏幕分辨率达到2000像素，尺寸为2560×1440。
- 4K：指4K超高清（4K ultra high definition，4K UHD），尺寸为3840×2160，分辨率是1080p的四倍。
- 8K：指8K超高清（8K UHD），尺寸为7680×4320，分辨率是4K的四倍，画面更加清晰。

在剪映中制作视频时，视频的尺寸使用长宽比进行表示。导入素材后，剪映会使用【适应（原始）】的比例自动匹配导入的视频，也可以切换为【16：9（西瓜视频）】或【9:16（抖音）】，或者其他比例，如图A01-2所示。

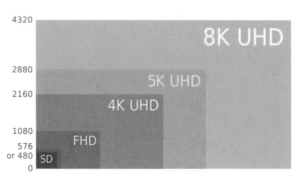
图 A01-1

图 A01-2

2.帧速率

帧速率指的是图像每秒刷新的次数，单位为帧每秒（fps）。我们看到的视频都是一帧一帧的图像连续播放而成的，由于人眼的视觉暂留现象，我们看到的画面不会立刻消失。因此，当每秒播放 16 张图片时，就可以获得连贯流畅的动态画面效果。

早期的无声电影（默片）由于技术限制，采用的是较低的帧速率。而现在，人们将 24fps 作为常用的帧速率。理论上，帧速率越高，画面播放越流畅。因此，一些追求更高画面效果的导演开始尝试使用 50fps、60fps 或者更高的帧速率来制作影片。

在剪映中导出视频时，可以设置视频的帧速率，如图 A01-3 所示。默认情况下，输出的帧速率为 30fps。

图 A01-3

有时我们想将拍摄的高帧率的视频上传到网站平台，但发现该平台不支持高帧率的视频。这时，可以将素材的播放速度减慢，然后输出为网站支持的帧速率，再上传到网站上。通过这种方法，同样可以获得清晰的视频素材。

3.视频格式

视频格式是指视频编码格式，常见的视频格式有 AVI、MOV、WMV、MPEG 等。

- AVI 格式：由微软公司开发，优点是图像质量高，可以在多个平台播放；缺点是文件过大，不方便传输和保存。
- MOV 格式：由苹果公司开发的一种音频、视频文件格式，用于存储常用的数字媒体类型，是一种优良的视频编码格式。
- WMV 格式：是微软公司推出的一种流媒体格式，是可扩充、可伸缩的媒体类型，文件小，适合网络播放、传输。
- MPEG 格式：是常用的网络媒体传输格式，能够在使用最少数据的同时获得最佳的图像质量。

目前剪映只支持 MP4、MOV 的视频格式进行导出，导出设置相对比较单一，而 Premiere Pro 则支持多种格式的导出，导出设置比较丰富，并且提供了大量的导出预设。

4．延时摄影

　　我们所见到的延时摄影作品是一种压缩时间的拍摄方式，如图 A01-4 所示。通过将拍摄好的一段视频加快播放实现延时摄影的效果，可以记录各种内容，如马路上的人流、日出日落、植物的生长、花开、夜空等。

图 A01-4

　　延时摄影不 定要以视频的形式拍摄，也可以使用照片进行记录。每隔几秒或几分钟拍摄一张照片，这样能够以图像序列的形式记录延时摄影的过程。无论是采用视频方式还是图像序列的方式，都要保持摄像机的稳定状态，在拍摄期间不能突然移动摄像机，否则拍摄出来的作品会不流畅。当然，也有一些特殊情况，有些延时摄影会在拍摄时非常缓慢地移动摄像机，在拍摄的过程中，将摄像机沿着一个固定方向移动，这样拍摄出来的作品有运镜的感觉，更具观赏性。

5．对焦

　　对焦决定了视频的清晰度，如图 A01-5 所示。在拍摄时，如果画面不清晰，很可能就是对焦不准确或者对焦模式不正确导致的。拍摄视频素材时一定要找好焦点，尤其在拍摄运动的镜头时，如果拍摄的视频不清晰，最终呈现的效果就会大打折扣。

A01-5

一般的手机、相机等都会有两种对焦模式，即手动对焦和自动对焦。手动对焦模式比较自由，适合拍摄固定的镜头；自动对焦比较智能，半按相机快门，相机会自动对焦画面中的物体。对焦方式分为点对焦、全局对焦等，可根据实际情况采用不同的对焦方式，以保证视频的质量。

如果使用手机拍摄，在选择画面中的物体时，焦点会自动聚焦到指定的物体上。一般手机、相机的屏幕上都会有对焦提示框，用于显示对焦的区域，如图 A01-6 所示。

图 A01-6

在拍摄高速运动的物体时，会出现运动模糊，这种运动模糊可能与帧速率有关，使用高帧率拍摄出来的影片会更加清晰、流畅，运动模糊也会更少，甚至消失。

A01.2 软件选择

关于剪映和 Premiere Pro 两款软件的选择，如图 A01-7 所示，我们简单分析一下它们的优势与不足之处。

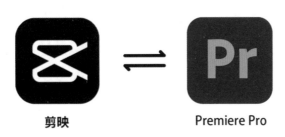

图 A01-7

实际上，使用这两款软件都可以完成剪辑操作，但是在制作不同质量和不同时长的影片时，它们之间仍存在很大区别。

1. 剪映

剪映软件的优点是简单、易上手，凭借智能操作和热门的素材受到广大用户的喜爱，如图 A01-8 所示。

该软件适合制作短视频，视频时长一般在几十秒到几分钟。在剪映中添加特效、综艺花字、贴图等元素非常方便，它还提供了大量流行的文字素材、音频素材、模板等，还可以根据文字快速生成 AI 语音，直接应用即可，非常方便。然而，在进行视频、电影等专业化的制作时，剪映软件就会显出不足，例如，轨道的编辑方式混乱、不易调整和修改、导出格式单一等。

图 A01-8

2．Premiere Pro

Premiere Pro 常用于专业化的影视包装，如电视节目制作，如图 A01-9 所示。它不仅具有多种编辑方式，可以完成多机位的剪辑，还可以进行专业化的调色和调音。同时，它支持安装许多第三方插件，可以导出多种格式。Premiere Pro 的编辑功能不但可以应用到剪辑的所有过程中，而且可以与 Adobe 的其他软件相互配合，完成添加特效和调音等工作。

图 A01-9

因此，在实际工作中，需要根据不同情况将这两款软件进行配合使用。可以先在 Premiere Pro 中完成复杂的剪辑、特效和关键帧动画制作等工作，然后在剪映中添加文本、贴图、音频素材等，最后完成整个短视频的制作。

总结

本节课带领读者初步了解了视频制作的基础知识，了解这些基础知识可以更好地开始创作之路。

目前，短视频已经成为许多人娱乐消遣和分享生活的一种方式。人们经常在平台上发布一些日常的创意视频和自拍等内容，并获得一些粉丝。有些人以为建立自媒体账号很容易，但实际上并没有想象的那么简单。要在人群中脱颖而出，需要具备很多条件，比如要做到持续地输出优质内容，保持较高的活跃度。

实际上，平台和创作者是相互促进的关系。平台希望创作者提供优质的原创内容，吸引更多的用户，因此经常会举办各种激励创作者的活动，激发创作者的欲望。对于优秀的账号，平台还会根据其活跃度、播放量和收藏量进行推广，促进账号获得更多浏览量。

A02.1　账号定位、受众人群分析

首先进行账号定位及受众人群分析，相当于制订一个详细的策划方案。

1. 账号定位

首先明确方向，也就是给账号定位。

很多平台都会对用户进行分类，用户在浏览某个平台时会直接点击感兴趣的领域，如图A02-1所示。这是用户的一个操作习惯。一般在用户注册时，平台就会给用户贴上一些标签，将用户分类后，平台就会为其推荐相关的内容。

| | 番剧 | 国创 | 综艺 | 动画 | 鬼畜 | 舞蹈 | 娱乐 | 科技 | 美食 | 汽车 | 运动 |
| | 电影 | 电视剧 | 纪录片 | 游戏 | 音乐 | 影视 | 知识 | 资讯 | 生活 | 时尚 | 更多∨ |

影视推荐	精选	电视剧	电影	综艺	动漫	少儿	纪录片	VIP会员
体育游戏	游戏	世界杯	云游戏	NBA	体育	WWE	网页游戏	
资讯前沿	科技	时尚	汽车	房产				
乐享生活	音乐	健康	艺术	生活	育儿	演唱会		
就好这口	知识	学堂	热播榜	热搜榜	直播			

图 A02-1

平台都很重视垂直性的内容，并且都有智能推荐的机制。如果账号没有精准的定位，平台就无法识别账号的类型，就会导致账号的流量非常不稳定。一般都会将内容进行分类，如分为美食类、影视类、动画类、游戏类等，目的就是根据账号的类型，将其投放给对应的目标人群，这样能够保证将精准、垂直的流量投放给对应的人群。受众越精准，粉丝的黏性越高，平台就能获得越多的用户，账号也就可能有越多的粉丝。

定位时不要盲目从众，也不要将选择范围扩展得很广。一定要选择自己擅长、专业的领域，这样才可以保证持续地输出内容，自己操作起来能够更专业，同时也能极大地减少试错成本。

确定好定位后，在设置账号的名称、头像和简介时，可以与所选择的领域相关联。这样方便用户在浏览的过程中，能够快速地了解你从事的领域。

2．自我分析

确定好方向后，需要进行自我分析。例如，分析自己拥有哪些资源，有什么一技之长，确定自己可以发展成为哪种风格，了解自己在某领域中能为受众提供什么价值，受众通过账号能够得到什么。吸引用户持续关注的原因在于你能够为用户提供一定的价值，例如，让用户收获知识、提升技能或者释放压力等。

举例来说，如果从事影视领域，可以进行剧情解析、影视剪辑、电视剧剪辑等，满足受众的好奇心，帮助他们快速了解影视内容；如果从事设计领域，可以分享一些设计技巧和创意作品，以提升受众的设计水平；如果从事心理学领域，可以分享心理问题的解答，推荐相关书籍，为受众提供心理帮助等。

3．受众分析

在创作前，需要分析所涉及领域的受众群体，也就是了解受众的需求，了解受众群体关注的焦点，找到受众最需要的服务，从而在受众心中产生价值，在行业中具备竞争力。

分析时，需要重点关注受众群体的年龄、职业、性格、兴趣等特征。例如，年轻人喜欢娱乐和个性方面的内容，老年人关心养生和家庭方面的内容等。

举例来说，在科技和知识分享领域的受众群体，他们通常需要满足学习需求，通过视频可以增长知识、提升工作技能、拓宽视野；在娱乐和游戏领域的受众群体，他们通过视频可以获得快乐、释放压力、消磨时间；在电视剧和电影领域的受众群体，他们可以通过视频快速满足好奇心，产生情绪共鸣。

4．行业现状

接下来需要分析行业的现状和竞争的激烈程度，毫无疑问，在任何行业都存在着许多竞争对手。我们需要分析竞争对手的特点、优势及其作品的质量。了解这些的目的是找到自身的优势，以及评估自己能够达到的水平。

要想在激烈的竞争中脱颖而出，必须拥有与众不同的特点，形成自己独特的风格。只有这样，才能逐渐在受众心中建立存在感。否则，很可能会使努力白费，甚至为竞争对手提供流量。

A02.2　明确主题内容

确定账号定位后，就需要考虑内容输出。毕竟真正吸引粉丝的是内容，内容决定了账号的成败。内容必须与账号定位相符，例如，从事影视领域就需要持续发布与影视相关的内容，从事动画领域就需要持续发布与动画相关的内容，而不是随意发布其他领域的内容。

1．创作形式

在创作前要考虑创作的形式，比如，是选择原创、模仿还是搬运。

如果在创作初期没有好的创意，可以先从学习和模仿竞争对手开始。找到行业内做得最好的一些账号，关注当前热门的视频，分析其标题、内容和特点。这些直接代表了该账号的风格。然后分析竞争对手的更新周期、内容结构、提供的服务等细节，可以尝试将这些加入自己的作品中，看看能不能产生同样的效果。

从实践中一点一点积累经验，慢慢总结技巧，找到适合自己的发展模式。

如果是原创内容，需要思考创意和表现方式。虽然制作原创作品需要花费更多的时间和精力，但由于用户对新鲜事物有着强烈的好奇心，因此原创作品更容易引起关注，一旦产生热度，很容易被同行关注并争相模仿，从而进一步提升自身的热度。

如果选择搬运的方式，相对来说更简单，直接将一些热门视频搬运到自己的账号上发布。可以找一些同类型的视频，将其制作成合集，如搞笑瞬间、神级翻唱现场和各种名场面等。这种搬运方式不需要太多的创作时间，只需要做整理和分享的工作。但需要注意的是，这种方法缺乏原创性，内容重复，并且需要考虑是否会侵权。一些平台通常会为作品添加水印，你所搬运、转发的作品只是白白为他人提供了流量。此外，一些平台会将这些内容判定为重复内容，并限制作品的发布。

2．表现形式、风格

在制作短视频之前，应该明确主题内容的表现形式。例如，是使用真人口述还是使用虚拟主播，是制作情景剧还是制作图文视频。

以美食领域为例，可以将短视频的形式细分为美食制作、达人探店、日常吃播等，如图 A02-2 所示。可以通过真人出镜分享一些名菜或特色小吃，也可以拍摄准备食材和制作美食的过程，传授制作的经验，满足人们对美食的欲望。

图 A02-2

对于电影、电视剧领域，可以将其细分为影视分享、电影解说、片段剪辑等。可以分享不同类型的电影，对电影进行深入、详细的解说，让观众在短时间内了解电影的大致内容。也可以对电影、电视剧的片段进行剪辑和二次创作，加上搞笑的配音等。

同样的表现形式也可以采用不同的风格，如搞笑类、剧情类、情感类、励志类等，形成风格就能够凸显账号的与众不同，使账号具有特点，进而加深其留给观众的印象。

以电影解说类为例，如图 A02-3 所示，账号"毒舌电影"采用了认真、深沉的语气讲解每个情节，并加入观影的感受，这种风格受到了广大观众的一致好评。

而账号"酱婶儿电影"，如图 A02-4 所示，在解说过程中则采用东北地方特色的搞笑、诙谐的语言，如"老爷们儿""狱溜子""达不溜"等，最后还会特意吟诗一首，作为电影整体的总结，让观众在了解电影剧情的同时，能够回味幽默风趣的解说。

在产品带货领域，也可以采用不同的方式和风格。例如，账号"疯狂小杨哥"以反向带货为特点，在直播带货时不按常理出牌，出现翻车事件，人气不减反增，如图 A02-5 所示。兄弟两人互相恶搞、斗舞，营造出充满活力的直播氛围，粉丝关注他们不仅仅是为了看产品，更多的是为了寻求乐趣和放松心情。

图 A02-3

图 A02-4

图 A02-5

3. 题材内容

在策划短视频的主题内容时，如果缺乏创意和灵感，不知道发布什么样的内容能够吸引关注，此时可以尝试以下四种方法。

第一，选择当下备受关注的话题，与最近热门的事件贴合，如节日、新闻事件、活动等。平台通常会设置一些热搜专栏、热门榜单，如图 A02-6 所示，可以借鉴同类型的爆款视频，通过"蹭热度"的方式获得更多流量。

第二，在抖音等平台设有专门的"创作灵感"专栏，如图 A02-7 所示，显示平台近期相关话题的热度指数，可以选择与自己相关的话题，更容易获得流量。

图 A02-6

图 A02-7

第三，日常积累也非常重要。多收集一些同行业的热门成功案例，总结经验、模仿制作并积累。当实在想不出创意时，可以拿出来以备不时之需。

第四，从身边的日常小事入手也是一个好的创作思路，毕竟每个人的生活都是独一无二的。你分享出来的事情可能会满足别人的好奇心，在创作时再设计一些反转的剧情，抓住观众的兴趣点，就更容易增加作品的流量。

A02.3　短视频脚本制作

下面开始考虑如何制作短视频脚本，通过制作脚本可以大致设想整个短视频的执行过程。

1．什么是脚本

脚本是创作前期用于将文字进行视觉化的工具，它是一个详细的计划表，明确整个视频制作的时间周期、拍摄成本、地点等信息。脚本是导演用来统筹协调各部门的可执行工作表。分镜头脚本的作用就像工程的施工图一样，它是演员、摄影师、道具师等所有工作人员执行工作的重要依据。甚至在拍摄完成后，后期制作人员也需要根据脚本的内容进行编辑，各部门可以根据脚本了解如何执行工作。因此，脚本的作用非常重要，有了它，就能够极大地节省时间、人力和物力，提升制作效率。

图 A02-8

2．脚本的基本要素

短视频的特点在于在较短的时间内将情节快速展现出来，形成一个完整的故事。制作短视频需要一个分镜脚本，在剪映 App 中就可以浏览并使用最简单的短视频脚本，如图 A02-8 所示。

一般的脚本会将主题内容进行细化分解，确定镜头编号、每个镜头的时长、场景的选择、镜头运动的方式，以及画面、台词、道具等一系列内容。表 A02-1 所示是一个短视频脚本的例子。

表A02-1

镜号	景别	场景	内容	解说词	时长	道具	备注
				XXX分镜脚本			
1	中景	办公室工位上	老师招手	小刘！来！给这个片子加一下字幕	3	无	—
2	近景	办公室工位上	小刘微笑回应	唉，好嘞！加字幕，加字幕简单！	5	—	表情轻松
3	特写	办公室	两个小时之后……		3	键盘	
4	中景	办公室	老师走过来问小刘	字幕加好了吗？	3	键盘	微笑
5	特写	—	小刘快速敲打键盘，擦汗	已经弄好了一半，我这打字速度超级快	7		焦虑
6	特写	—	老师皱眉，表情严肃	会不会加字幕啊？！ 怎么还一个字一个字敲啊？！	5	无	
7	近景	办公室工位上	小刘满脸疑惑	啊？？难道不是这样加字幕的吗？	4		

● 镜号：镜号决定了剧情每个镜头发展的顺序，但是镜号不代表实际拍摄的顺序。实际拍摄会根据场景、道具有选择地安排，这样能保证镜头的连贯性，避免出现前后不一致的情况。

● 景别：如全景、近景、特写等，用于确定画面包含的内容，不同的景别表现的情感不一样。

● 场景：用于确定拍摄的地点。

● 内容：用于简单叙述单个镜头表现的内容。

● 解说词：也可以是画外音，即镜头中需要说的话，有时需要后期配音。

● 道具：镜头中需要使用的道具。

如果需要设计一些视频转场、空镜、音乐、音效等，也需要提前准备好。脚本上对这些内容描述得越详细越好，以避免后期返工。

A02.4 编写中长视频分镜脚本

随着人们对视频效果的要求越来越高，在制作电影、电视剧时，文案和脚本都需要更加详细，甚至需要设定每个场景的灯光、色调等细节，以确保中长视频的连贯性。特别是在一些动画、科幻和超现实风格的影片中，叙述内容时需要确定每个镜头的实际样子。因此，可以用故事板来体现这些细节，即提前将每个镜头的画面按照时间顺序绘制出来。

在《权力的游戏》第三季中的"至死方休"的片段中，人物的表情和特效处理基本上都是按照故事板的镜头来执行的，如图 A02-9 所示。

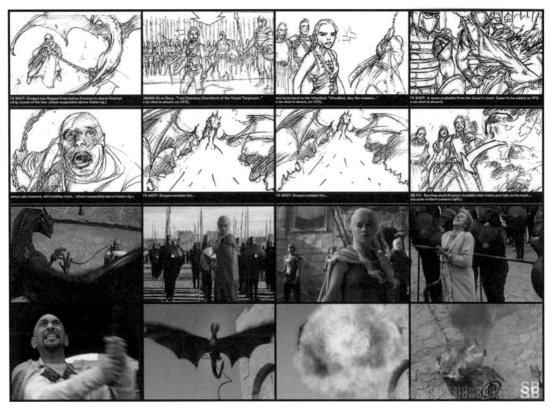

《权力的游戏》故事板片段 图片来源：分镜世界

图 A02-9

在第三季《狗熊和少女》的片段中，詹姆·兰尼斯特和灰熊对峙情节的故事板如图 A02-10 所示。在实际拍摄时，人物的动作、机位的角度，以及针对特效的说明都和故事板相差无几。

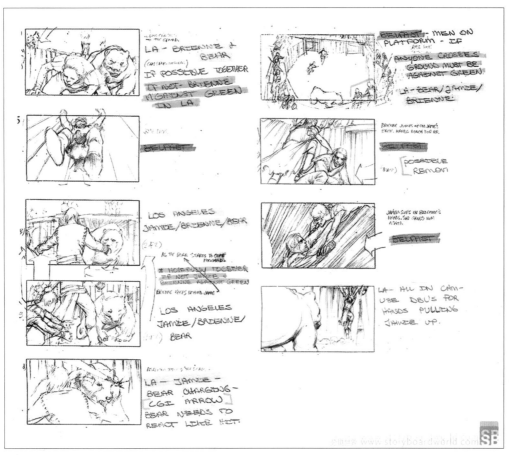

《狗熊和少女》故事板片段 图片来源：分镜世界

图 A02-10

故事板就是导演在文字脚本的基础上将每个镜头呈现的画面绘制出来，它集中体现了景别、构图、灯光、特效、剪辑、美术设计、动作表演等内容，涉及的范围很广，对导演的综合素质要求非常高。然而，具备这种综合素质的导演毕竟是少数，因此可以将绘制故事板的工作交给分镜师来完成。

从最终的目的来看，故事板的制作旨在尽量符合导演的意图并最大限度地控制成本。毕竟，在实际的拍摄制作过程中，时间就是成本，不允许重复实验。故事板可以最大限度地消除这些不确定因素，以最高效的方式完成最终效果。

因此，故事板的优势在于能够更直观地表现情节，表现导演的创作意图和风格，也更便于中期拍摄和后期制作。

总结

前期策划准备是开启视频制作的第一步，也是非常重要的一步，准备得充分将为后续的视频制作打下坚实的基础，因此读者要认真领会本章内容。

我们在实际拍摄视频时，可能会遇到很多问题。需要考虑时间的变化，如上午、下午光线亮度的不同。还需要考虑空间的变化，如室内、室外光线角度的不同。画面抖动或者对焦不准都会导致素材不合格，使观众感到不舒服，无法集中注意力。还有其他许多拍摄过程中的问题都会影响观感和最终影片的质量。针对不同情况，需要不断进行调整。

接下来，笔者将介绍一些拍摄过程中的方法和技巧。

A03.1　拍摄设备的使用

在专业的影视制作过程中，对拍摄设备的要求非常高，成本和维护费用也很昂贵。然而，对于要求相对较低的短视频制作来说，使用手机、单反相机，同时运用一定的拍摄手法和辅助工具，我们也能拍摄出高质量的视频素材，从而制作高质量的短视频作品。

1. 拍摄设备

选择拍摄设备时，我们可以使用配置较好的手机。现在的智能手机分辨率基本都可以达到高清、4K 的标准，支持拍摄人像、微距、夜景等多种模式。可以手动调整曝光、色调、添加滤镜等设置，甚至还有超广角、超级微距、延时摄影等多种功能，携带方便，完全可以达到拍摄要求，如图 A03-1 所示。

图 A03-1

如果想要偏向专业化的拍摄，可以考虑使用微单或单反相机。这些相机拥有更专业的光圈、对焦等参数，可以提供更高质量的画面。与摄像机相比，微单相机体积小巧，便于携带。

在众多相机品牌中，索尼相机较为出色。在这里，我们使用的相机为SONY ILCE-7SM3 微单数码相机，如图 A03-2 所示，该款相机机身相对小巧，重量约为 699 克，非常适合拍摄运动视频，适合对拍摄质量要求较高的用户，具有较高的性价比。

图片来源：SONY 官网
图 A03-2

该相机采用新研发的约 1210 万像素全画幅背照式 Exmor R™CMOS 影像传感器，可以拍摄出更高质量的视频。光度扩展到 ISO 409600，可以提供灵活的感光度和更大的动态范围。拍摄视频时只需轻触屏幕上的拍摄对象，就可以实现持续、可靠的自动追踪对焦。内置五轴防抖，可以在手持拍摄时保持较好的稳定性。

相机搭配的镜头是腾龙 28-75mm F/2.8 Di III VXD G2（型号 A063），如图 A03-3 所示。外形轻巧，适用于索尼全画幅无反相机，具有高速、高精度自动对焦性能。全焦段优秀的解析性能与大光圈柔美虚化效果，最近的拍摄距离为 0.18cm，最大拍摄倍率为 1∶2.7，可以实现广角微距的拍摄效果。

图片来源：腾龙官网
图 A03-3

2. 相机三脚架的使用

三脚架是固定相机的最佳工具，它利用了三角形的稳定性。三脚架重量较轻，水平高度、角度可调节，如图 A03-4 所示，非常适合长时间的固定拍摄。

三脚架根据材质的不同分为铝合金、塑料和碳纤维等类型。材质的质量和硬度不同，越重的三脚架稳定性越好，硬度较高的可以承重更多。一般来说，铝合金材质的三脚架较重，稳定性更好，碳纤维材质的三脚架相对较轻，但硬度比塑料材质更坚固。

根据结构的不同，三脚架可以分为板扣式三脚架和旋锁式三脚架，它们的固定方式略有不同。

根据大小，三脚架可以分为传统三脚架和迷你三脚架，如图 A03-5 所示。传统三脚架适合拍摄相对远距离的场景，而迷你三脚架则适合拍摄近距离的特写镜头，同时移动和摆放更加方便。

图 A03-4   图 A03-5

使用三脚架并不意味着相机完全不能移动。实际上，几乎所有的三脚架都具有折叠、旋转等调节功能，可以自由地调整水平和垂直高度，以及完成一定角度的运动镜头。在运动过程中，三脚架能够保持相机的稳定性和水平高度不变。

3．滑轨

如果想要保证相机的稳定性，并且能够进行缓慢的移动，可以考虑使用另一种工具：滑轨。滑轨可以使相机保持直线运动，并且在运动过程中可以调整拍摄角度。

在一些电影大场景中，相机会放置在轨道车上，在滑轨上移动。而在小型场景中，会使用体积较小的滑轨进行拍摄，如图 A03-6 所示。在一些延时摄影作品中，相机的位置会缓慢移动，这是通过电动滑轨实现的。电动滑轨可以控制相机缓慢且匀速地移动，实现丝滑的运镜效果。

图 A03-6

4．手持云台

传统的三脚架只适用于拍摄固定位置的镜头，会限制行动范围。当涉及一些运动镜头时，可以借助稳定器、斯坦尼康等设备。

常用的手持云台根据拍摄者的运动方向和角度自动调整，如图 A03-7 所示。它可以很好地保持稳定性，并且只需一只手就可以操作，非常方便。手持云台有固定式和电动式两种，连接手机后可以一边拍摄一边调整，非常适合手机拍摄。

大疆如影 DJI RS 3 PRO 采用加长版碳纤维轴臂，加长的快装板，有了更多的调平空间，可以实现毫米级的距离微调，如图 A03-8 所示。长按电源键可以快速进入工作状态，自动进行校准调平，承重达 4.5 千克。云台可快速切换平移跟随、双轴跟随与全域跟随三种云台模式。LiDAR 激光测距功能可以投射出 43 200 个测距点，满足绝大多数场景的跟焦需求。智能跟随 Pro 功能可以快速准确地跟随运动的物体。

图片来源：大疆官网

图 A03-7 　　　　　　　　　　　　　　图 A03-8

还有更多的功能，可以轻松拍摄出专业水准的影片。

使用手持云台可以大大提高画面的稳定性，但是需要使用者具备一定的经验。如果条件允许，使用斯坦尼康可以进一步提升稳定性。斯坦尼康能够将大部分重量转移到身体上，减轻手臂的负担，从而实现更高的稳定性，能够满足更专业的影视拍摄需求。

5. 小型无人机

随着科技的发展，无人机也逐渐进入人们的视野，如图 A03-9 所示。无人机的功能是代替人类完成一些危险任务。在需要航拍镜头的场景下，可以使用类似无人机的飞行器，将小型摄像头安装在无人机上，实现航拍效果。市场上有许多种类的小型无人机可供购买或租赁。

图 A03-9

无人机非常适合拍摄城市鸟瞰图、自然场景和追踪高速移动的物体。此外，有些无人机还具备更丰富的功能，如科学防抖、自动追踪和自动返航等，可以满足更多的拍摄需求。

使用这些设备是为了保持画面的相对稳定，以确保视频拍摄的连贯性。如果实在没有稳定设备的帮助，也可以使用手臂找支撑点来稳定画面，例如，将手臂形成三角形，或者双手靠在固定的物体上，通过手臂的关节活动实现运动中的相对稳定。然而，这需要长期的练习和掌握一定的技巧。

A03.2　场景灯光的布置

对于初学者来说，拍摄视频往往依赖自然光或室内光，很少借助专业灯光来辅助画面。然而，完全依赖自然光无法满足影片所需的效果，并且自然光的实时变化无法很好地控制。因此，我们需要通过人造光进行补光，如图 A03-10 所示，以营造与日常环境一致的光线。这是布光的基础，旨在追求真实和自然。

图 A03-10

在影视创作中，灯光的使用至关重要，需要专业的灯光师进行设计和布置。灯光的使用能让视频更加具有影视效果，灯光与人物表演相配合，产生不同的艺术效果。此时，灯光不仅起到照明的作用，还可以将主体与背景分离、表现人物情绪和心理、烘托现场气氛、突出人物形象，灯光的运用可以影响整部影片的风格。

1. 灯光的类型

灯光根据光源的位置可以分为正面光、前侧光、侧光、后侧光、逆光、顶光和底光等，不同角度的光线可以营造不同的效果。

正面光基本与摄像机处于同一位置，如图 A03-11 所示。正面光可以照亮被摄对象的正面，有效消除阴影，使面部明亮清晰，如图 A03-12 所示。然而，正面光的缺点是不利于表现被摄物体的立体感，而使画面显得平面化。

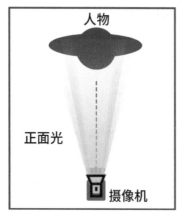

图 A03-11

图 A03-12

前侧光是以约 45°的角度照射被摄对象的光，在被摄对象的左前侧或者右前侧，如图 A03-13 所示。它可以在被摄对象上产生较浅的阴影，增加立体感，如图 A03-14 所示。

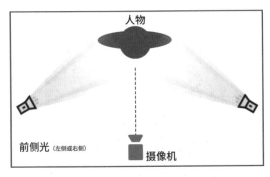

图 A03-13

图 A03-14

侧光是以约 90°的角度照射被摄对象的光，在被摄对象的左侧或者右侧，如图 A03-15 所示。侧光形成明显的明暗区域，具有强烈的立体感。它会增加画面的对比度，增强故事感，呈现硬朗且中性的风格，如图 A03-16 所示。侧光常用于表现人物阴暗的性格，塑造冷酷的形象。

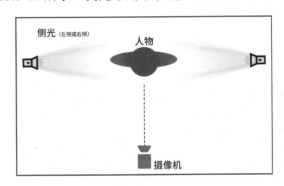

图 A03-15

图 A03-16

后侧光是以约 135°的角度照射被摄对象的光线，如图 A03-17 所示。在照明的同时能够将阴影凸显出来，用于勾勒被摄对象的一部分轮廓，在拍摄人物时常用于勾勒脸部轮廓，如图 A03-18 所示。

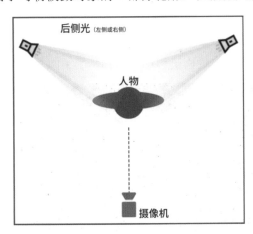

图 A03-17

图 A03-18

逆光是与摄像机角度完全相反的光线，位于被摄对象的正后方，如图 A03-19 所示，拍摄时经常出现剪影的效果。逆光用于突出主体对象的轮廓，并与背景区分开，如图 A03-20 所示。

图 A03-19

图 A03-20

顶光是从被摄对象的顶部向下照射的光线，如图 A03-21 所示。顶光创造了明暗对比较大的区域，在人眼处形成较深的阴影。它可以突出人物的面部特征和轮廓，营造神秘感和压迫感，如图 A03-22 所示。

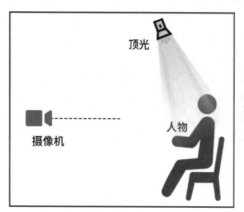

图 A03-21

图 A03-22

底光是从被摄对象底部向上照射的光线，如图 A03-23 所示。这种光线会使人物看起来被丑化，常用于表现人物可怕的面部表情，如图 A03-24 所示。它营造出诡异和恐怖的氛围，与顶光有类似的效果。

图 A03-23

图 A03-24

眼神光是指在人物眼球上形成的光斑，用作装饰效果，如图 A03-25 所示。在拍摄特写镜头时，人物的表情非常重要，而眼神是体现表情的重中之重，眼神光可以使眼神更生动、更传神，然而，要避免出现多个光点，以免眼神显得散漫，并且要注意不影响脸部其他部分的明暗关系。

图 A03-25

2. 布光的方式

布光常用的方法是三点布光法，适用于较小空间的场景照明，如图 A03-26 所示。根据灯光的功能，布光可以分为主体光、辅助光和背景光（轮廓光）。通过三点布光，可以将主体对象的造型完整照亮。

图 A03-26

主体光指的是被摄对象上的主要光源，提供主要的照明作用，产生较强的阴影，主体光决定了整个场景的明暗关系和投影方向。其他光源需要围绕主体光的布光规则进行设置。主体光可以从拍摄对象前半部分的任何角度照射。

辅助光相对较暗，一般亮度为主体光的 50% ～ 80%，通常是漫射光源，比较柔和，位于阴影区域的一侧。它用于柔化主体光产生的阴影区域，调和主体光的明暗关系，形成景深和层次感，同时又不会产生第二层阴影。辅助光的重要之处在于不会留下痕迹。

背景光放置在主体对象的后半部分，用来突出人物的轮廓，所以又称"轮廓光"。背景光可以在主体对象的边缘产生微小的高光反射区，以区分主体对象和背景。背景光用来适当照亮背景，避免背景过于暗淡。

在布光时，主体光通常模仿现实生活中的光源，如太阳、月亮、路灯、室内灯等，要注意与实际光源保持一致，并保持光线的连贯性，避免在前后两个连续镜头中光线方向不一致的情况。

然而，布光也需要根据情节适当补光，不完全按照现实场景来布置。布光的方式可以分为以下几类。

（1）环形光：主光源位于被摄对象斜侧方，高于水平方向30°～40°，照亮面部主要区域，在鼻子区域形成圆弧形阴影，但是并不会与面颊阴影相连。这种布光方式可以突出立体感，光源稍高于眼睛，如图A03-27所示。环形光是最常见的一种布光方式，很多杂志封面、海报拍摄都在使用，因为环形光既有层次感，又不像伦勃朗光那样过于戏剧化，所以在拍摄人像时广泛使用。

图 A03-27

（2）伦勃朗光：以著名画家伦勃朗的名字命名，因为在他的作品中经常出现这种光线效果。这样的光线会在人脸上形成三角形的区域，也被称为三角光，如图A03-28所示。在拍摄时，主光源位于侧面，照亮人脸的四分之三区域，在鼻子一侧形成明显的阴影，但不会遮盖嘴部，使人脸具有较强的立体感。

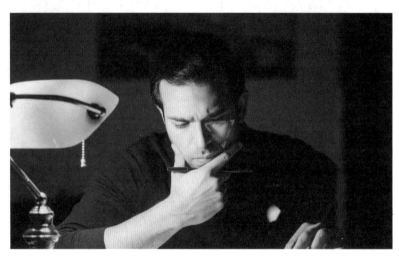

图 A03-28

（3）蝴蝶光：指光线在鼻子正下方形成蝴蝶状的阴影，因此得名蝴蝶光。光源主要在被摄对象的正前方45°左右的方向，在脸颊两侧产生阴影，使脸部看起来更瘦，下巴更尖，如图A03-29所示。然而，光源不能过高，否则阴影区域会变大，产生类似顶光的效果。

（4）分割布光：是一种特征很明显的布光方式，会在人脸上形成两个不同的区域，一侧明亮，另一侧有较重的阴影，如图A03-30所示。这种布光方式会夸大人物的面部表情，带来神秘感，并产生强烈的戏剧性，适用于塑造鲜明的人物形象。

图 A03-29　　　　　　　　　　　　　　　图 A03-30

（5）宽位光：指灯光位于人脸较宽一侧形成的光线。当人脸偏向某一侧时，在画面中会出现一侧较宽、另一侧较窄的情况，如图 A03-31 所示。如果光源位于较宽的一侧，可以使人脸显得更饱满，适合脸较瘦的人。

图 A03-31

（6）窄位光：与宽位光相反，灯光位于人脸较窄一侧进行照明，如图 A03-32 所示。光线照在人脸上看起来更加立体，人物显得更瘦、更漂亮，适合脸较宽的人。

图 A03-32

光的运用不仅是为了照明，还可以成为一种光影艺术。光的运用可以更好地塑造画面的空间感，营造特殊的气氛，投射人物的心理状态，更好地刻画人物形象。

A03.3　运镜方式

在电影的发展过程中，最初摄像机的位置是固定的，人们只需要考虑镜头放在哪里。然而后来发现，摄像机的位置可以随着被摄物体或摄影师的意愿移动，从而产生景别和角度的变化，给观众带来新的视觉体验。因此，轨道车、摇臂、斯坦尼康、无人机等载有摄像机的工具应运而生。使用这些工具可以实现复杂的镜头运动，在拍摄过程中保持稳定且画质较高。

拍摄视频通常可以分为三种情况：一种是镜头不动，被摄对象运动；另一种是镜头运动，被摄对象静止；第三种就是镜头和被摄对象一起运动。如果镜头和被摄对象都不移动，通常用于拍摄空镜或延时摄影。

根据镜头运动的方式，可以将运镜方式分为很多种，主要分为推、拉、摇、移、跟，此外，还有一些衍生或组合出来的运动方式，如升降、甩动、环绕等。掌握主要的运镜方式后，其他运镜方式也会变得容易理解。

通过不同的运镜方式，不仅可以增加画面的美感，有时还能体现出特定的情绪，引起观众的共鸣。因此，运镜也是一种表达镜头语言的方式。

1．推镜头

推镜头是指被摄对象位置不动，摄像机向被摄对象移动的运动方式，使被摄对象在画面中逐渐变大，如图A03-33所示。这种运镜方式也可以通过镜头的变焦来完成。

推镜头可以将观众的注意力聚焦在画面中的对象上，具有很强的主观性。推镜头的速度变化可以很好地表现主体与环境之间的关系。推镜头还可以表现人物的心理状态，用推镜头的方式拍摄人物的面部表情或者肢体动作时，可以起到明显的暗示作用，暗示人物的心理变化。

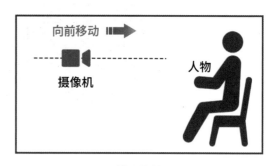

图 A03-33

推镜头也分为急推与缓推两种方式。急推通常配合突然的音效使用，常用于表现突然的发现、微妙的动作，以营造紧张的氛围。缓推常用于悬疑片、爱情片等，以营造神秘、浪漫的氛围。例如，对人物面部进行缓慢推进的镜头或对环境进行缓慢推进的镜头。

在推镜头的开始与结束时，最好留有短暂的停顿时间，以避免镜头变化得过于突然。

2．拉镜头

拉镜头与推镜头相反，指被摄对象位置不变，摄像机远离被摄对象的运镜方式，如图A03-34所示。被摄对象在画面中逐渐变小，环境占比越来越大，也可以通过变焦的方式来完成。

拉镜头可以很好地表现主体与环境之间的空间关系，或者表现宏大、震撼的场景，给观众带来更好的视觉体验。它也可以用作转场或阶段性的结束镜头。

在拉镜头的开始和结束时，同样需要留有短暂的停顿时间，以衔接前后的镜头。

3．摇镜头

摇镜头指摄像机位置不变，但拍摄角度不断变化的运镜方式，类似于人转头的动作，如图 A03-35 所示。摇镜头常用于主观视角下观察主体对象和环境，使观众有身临其境的视觉感受。

使用摇镜头可以在有限的景别下更好地表现空间环境，以及展示运动的对象。它也可以用作主观视角。

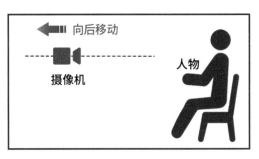

图 A03-34

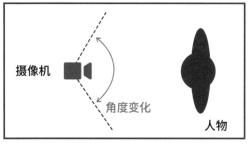

图 A03-35

4．移镜头

移镜头是指镜头位置沿着直线运动，但拍摄角度保持不变，如图 A03-36 所示。移镜头常用于表现空间环境、人物位置等场景，时间相对较长。

移镜头的运动可以使画面中的物体不断变化，产生不同的景别和构图，给观众带来身临其境的感觉。在拍摄战争、城市等场景时，移镜头不仅可以展现宏大壮观的场面，还能营造特殊的情感。

5．跟镜头

跟镜头是指镜头跟随被摄对象同步移动，保持距离不变。它常位于被摄对象运动方向的前面或后面，时间相对较长，如图 A03-37 所示。在使用跟镜头方式时，需要注意被摄对象的大小和距离应保持一致，同时保持曝光和对焦的稳定，避免出现明显的变化，给观众带来不适的感觉。

跟镜头可以清晰地展现被摄对象的运动路线，表现所处环境的变化，使观众有更明显的参与感。它常用于拍摄人物行走、快跑、驾驶等场景。

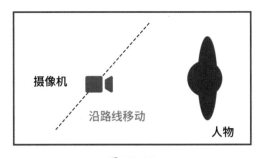

图 A03-36

图 A03-37

6．升降镜头

升降镜头比较明显，指镜头自上而下或自下而上的运镜方式，如图 A03-38 所示。通过升降镜头，镜头中的内容不断变化，可以很好地表现波澜壮阔、宏大的场景，时间相对较长。

升降镜头常用于丰富画面场景、震撼的环境，也常用于场景的转换和表现主体情感变化等。它的时间相对较长。

7．甩镜头

甩镜头实际上可以看作摇镜头的一种特殊形式，如图 A03-39 所示。它指的是在摇镜头的过程中，镜头位置沿曲线运动，通常速度较快，时间较短。甩镜头常被用作转场，以展现影片动感的节奏。

图 A03-38

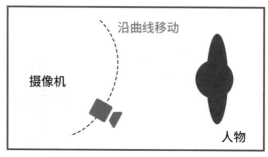

图 A03-39

8．综合镜头

综合镜头是指综合多种连贯的运镜方式，包括镜头角度和路线的实时变化。在综合镜头中，景别和构图也在不断变化，是一种综合的运镜方式。

画面中可以是固定的被摄对象，也可以是不同时刻的多个对象，用于实现角色的转换。综合运镜能够创造更真实的空间感，增强表现力。

运镜可以使原本单调的镜头变得更具观赏性，更容易表现故事情节。然而，不应过度追求运镜，一个镜头最好只使用一种运镜方式。过多的运镜会使视频变得混乱，影响观感。运镜应作为辅助手段使用，重点是内容。如果内容空洞，即使形式再好也只是虚有其表，没有太多意义。

总之，镜头的运动可以表现空间关系，展示人物的动作细节，呈现目光所及，反映人物心理变化，或营造一种氛围。这些运镜方式都是为了表现内容的需要而存在，并非为了运动而运动。

A03.4　画面构图技巧

在影视创作中，构图指的是拍摄画面中主体与环境之间的关系。通过巧妙的构图，可以产生一种视觉美感，同时也可以传达象征隐喻，赋予画面内在含义，是表现电影情绪的一面镜子。构图一般由主体、陪体和环境三个部分构成，将画面分为三层，使画面内容更加丰富。

以下介绍几种常见的构图方式及其作用。

1．九宫格构图

九宫格构图是常用的构图方式，几乎所有的拍摄设备都可以调整为九宫格曲线，如图 A03-40 所示。

在构图时，使用两条水平线和两条垂直线将画面等分，通常将主体对象放置在九宫格中的四个交点上。这样可以使画面具有很好的设计感，使主体与环境之间相对均衡，使画面看起来自然而生动，如图 A03-41 所示。

2．中心构图

中心构图是指将主体放在画面的中心位置，有很明显的聚焦作用和视觉冲击力，如图 A03-42 所示。如果主体是人的近景或特写，会有比较强烈的压迫感、沉重感。

图 A03-40

图 A03-41

图 A03-42

3. 黄金分割构图

　　黄金分割构图就是使用黄金分割比例 0.618 进行构图。它将整体画面一分为二，较大部分与整体部分的比值等于较小部分与较大部分的比值。或者以正方形边长为半径延伸出来的螺旋线构图，如图 A03-43 所示，黄金分割比例被认为是最完美的比例之一。

　　在拍摄时使用黄金分割构图可以使画面产生一种美感，让人在视觉上感到舒适，如图 A03-44 所示。在很多的影视作品中都可以看到黄金分割构图的运用。

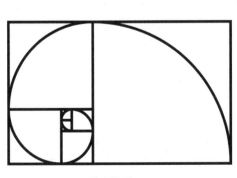

图 A03-43

图 A03-44

4．地平线构图

地平线构图是指大地与天空交界的一条直线，通常用于拍摄空旷、广阔的场景，如无边无际的草原、湖面、远处的地平线、日出等景象，如图 A03-45 所示。这种构图方法可以给人带来平静舒适的感觉，或者在视觉上产生巨大的震撼。

图 A03-45

5．三分法构图

这种构图方法也比较常见，它是将画面横向或纵向平均分为三部分，如图 A03 46 所示。相比九宫格构图，三分法构图可以使图像避免过于平淡，创造出宽广的空间感，使人产生视觉美感，并能明显突出主体。

6．框架构图

框架构图具有明显的特征，画面中存在明显的框架元素，通过前景框引导视线，如图 A03-47 所示。这种构图方法能够使观众的注意力集中在框架内的主体上。常见的框架元素包括建筑物中的门窗、拱桥的桥洞、汽车的车窗等。在利用这些框架元素进行拍摄时，主体对象应保持水平或垂直，这有助于突出主体并增加空间的层次感。如果主体对象倾斜，会给人一种不稳定、倾斜的感觉。

图 A03-46   图 A03-47

如果无法找到适合作为框架的对象，也可以手动制作一个框架，并将其放置在镜头前作为辅助。这样拍摄出的画面将具有相同的效果。

7. 斜线构图

斜线构图是指在拍摄时利用画面中存在的斜线进行构图，如图 A03-48 所示。斜线构图能够增加画面的立体感，使画面更富有动感和活力，使其不再单调。

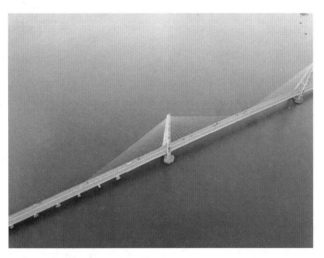

图 A03-48

8. 对称构图

对称构图是指画面沿着一条轴线形成两侧对称的构图。这种构图能够形成对立和平衡的感觉，如图 A03-49 所示。对称构图可以给人平静、沉稳和互相呼应的感觉。对称构图可以是上下对称，最常见的是水平对称；也可以是左右对称，如一些建筑物、庭院和广场。

图 A03-49

9. 透视构图（引导线构图）

透视构图是指在画面中存在几条延伸的平行线，这些平行线在远处交汇形成透视感，如图 A03-50 所示。透视构图能够增加拍摄对象的纵深感，并能够集中观众的注意力，引导观众的视线汇聚到画面的焦点上。

图 A03-50

10. 三角构图

这种构图方法是在画面中形成一个稳定的三角形，其中一条边是水平的，如图 A03-51 所示。

图 A03-51

总结

优秀的影视作品在各个方面都表现出色。通过学习本课程，你能够了解一些拍摄器材的功能，掌握它们的使用方法，了解一些基础的镜头语言、光影和构图等影视艺术表现方法。只有将这些内容融会贯通，才能制作出高质量且具有专业水平的影片。

进入后期制作阶段，我们需要考虑使用剪辑软件了。剪映作为一款全能易用的剪辑软件，非常适合大众使用，能够轻松实现丰富有趣的效果，让创作过程变得简单。

A04.1　了解软件

现在我们来了解一下剪映的面板及其基本功能。

1. 软件功能

如图 A04-1 所示，剪映是由抖音官方推出的一款手机视频编辑软件，支持手机端、平板端、PC 端全终端平台的使用，如图 A04-2 所示，非常适合没有经验的新手，可以帮助新手快速学会视频剪辑。使用过程方便高效，可以随时随地，自由地进行视频创作并分享。

图 A04-1　　　　　　　　　　　　　　图 A04-2

在剪映中可以完成视频剪辑、视频变速、文本动画、音频变声、美颜滤镜、调色等操作。它还设置了强大的智能识别功能，能够自动识别人脸表情和人体动作。此外，剪映还可以生成多种类型的 AI 语音，即使是没有经验的初学者也能快速上手操作。

剪映提供了大量的视频素材、音频素材、转场、滤镜、贴纸和特效等元素，并根据风格和功能进行分类，方便用户快速找到当下热门的素材，使用起来非常方便，如图 A04-3 所示。

图 A04-3

然而，由于手机屏幕较小，操作受到一定的局限。在手机上进行视频剪辑、制作特效和字幕等工作相对较为吃力。为了适应更复杂的操作需求，剪映专业版应运而生。在电脑上操作更加方便，屏幕清晰，配合快捷键使用更高效，更适合专业的视频编辑创作。

2. 初始界面

首先，我们打开剪映专业版，可以看到软件的初始界面，如图 A04-4 所示。在这里，我们可以单击左上角的【点击登录账户】按钮，使用抖音扫码登录账号，以享受云空间功能。单击【我的云空间】按钮，可以查看上传到云空间的草稿，实现手机移动端、Pad 端、Mac 电脑多端的同步共享。编辑时，单击【下载】按钮，可以将草稿下载到本地进行修改，完成后再上传到云空间。

图 A04-4

如果是团队一起编辑项目，还可以在【小组云空间】中查看保存的草稿，如图 A04-5 所示。

图 A04-5

如果之前使用过剪映，在草稿箱中可以找到保存的草稿，如图 A04-6 所示。单击面板右侧的【宫格】或【列表】按钮，可以修改草稿的排列方式。

图 A04-6

在草稿的右下角，可以选择将草稿上传到云空间、重命名草稿、复制草稿，或者将草稿删除，如图 A04-7 所示。

图 A04-7

单击草稿，就可以进入剪映专业版的操作界面了。

3. 全局设置

在开始编辑之前，我们需要对软件进行一些设置。单击左上角的【全局设置】按钮，可以看到与软件相关的设置选项，如图 A04-8 所示。在【草稿】标签页中可以修改草稿保存的位置、素材下载的位置、缓存管理和预设保存位置等，建议将路径修改为除 C 盘以外的其他盘符。

单击【剪辑】标签，可以设置导入图片的【图片默认时长】和【默认帧率】等，如图 A04-9 所示。

单击【性能】标签，可以进行编解码设置和代理文件设置，如图 A04-10 所示，设置完成后，单击【保存】按钮。

图 A04-8　　　　　　　　　　图 A04-9　　　　　　　　　　图 A04-10

4．快捷键

在播放器面板的左上角，单击【快捷键】按钮，可以切换为软件【Final Cut Pro X】或者【Premiere Pro】的快捷键，如图 A04-11 所示，更加适合专业剪辑软件用户的操作习惯。

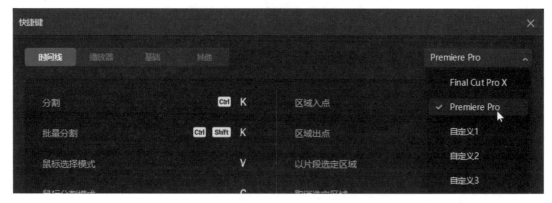

图 A04-11

A04.2　软件界面

现在简单介绍一下剪映 App 界面。在手机上打开剪映 App，可以看到软件的【剪辑】标签，这里可以使用【一键成片】【图文成片】功能，还可以拍摄视频、创作脚本等，如图 A04-12 所示。在这里还可以查看热门活动和近期新增的各种素材。

界面下方会显示本地制作的草稿，单击草稿可以打开进行修改，单击草稿底部区域可以进行【上传至云空间】【复制】【删除】【重命名】等操作。

切换到【剪同款】标签，会看到热门的模板，直接导入素材即可快速实现效果，还可以对喜欢的作品点赞、收藏。对于没有经验的新手，可以在【创作课堂】标签中学习各种视频创作和账号运营的相关教程。其他标签不是特别重要，这里就不做详细介绍了。

回到初始界面，单击【开始创作】按钮，会出现导入素材的界面，可以从【本地】【剪映云】或者【素材库】中导入素材。选择好素材后，单击【添加】按钮，就会进入剪映 App 正式的编辑界面，如图 A04-13 所示。

图 A04-12   图 A04-13

在未选中任何片段的状态下，单击底部的按钮可以添加音频、文字等各种素材，选择片段后会显示分割、动画、抖音玩法等详细的操作。编辑完成后单击右上角的【导出】按钮即可导出视频。

接下来主要介绍剪映专业版的界面。单击【开始创作】按钮后，正式进入剪映的剪辑界面，界面分为五个区域，如图 A04-14 所示，分别是【菜单栏】面板、【素材】面板、【播放器】面板、【时间线】面板、【功能】面板。

1.【菜单栏】面板

在【菜单栏】中可以执行【文件】【编辑】【布局模式】【全局设置】等菜单命令，如图 A04-15 所示。

2.【素材】面板

【菜单栏】面板下面是【素材】面板，保存着编辑视频时需要的视频、音频、文本、贴图、特效等所有素材。

图 A04-14

◆ 媒体

在【素材】面板中打开【媒体】素材库，单击【导入】按钮，在弹出的窗口中选择媒体文件，即可导入视频、音频、图片等素材。导入素材后，单击素材右下角的【添加到轨道】按钮，或者直接拖曳素材到轨道上，就可以开始剪辑素材了。

单击【云素材】选项卡，可以查看其他终端的云同步素材。

单击【素材库】选项卡，可以查看剪映提供的大量素材，里面分类保存着背景、片头、片尾、空镜等多种素材，如图 A04-16 所示。单击素材，可以在【播放器】中预览素材。

图 A04-15   图 A04-16

如果找不到想要的素材，还可以在搜索栏中输入关键字搜索对应的素材。使用时，单击素材右下角的【下载】按钮，下载完成后再单击【添加到轨道】按钮，即可添加素材到【时间线】中。对于常用的素材，还可以单击【收藏】按钮，将素材收藏，下次使用时直接在【收藏】标签中就可以找到。

◆ 音频

在【音频】素材库中，也分类储存着大量的【音乐素材】与【音效素材】。在搜索栏中直接输入音乐的名称或关键词，即可搜索音频，如图 A04-17 所示。单击音频素材，可以试听音频。

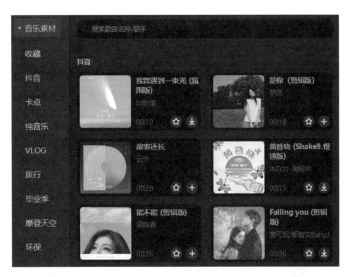

图 A04-17

剪映还支持【音频提取】功能，导入带有音频的视频文件，软件将自动提取其中的音频。使用时，将音频添加到时间线上即可使用。单击【抖音收藏】按钮，可以查看在抖音中收藏的音乐。

◆ 文本

在【文本】素材库中保存着数量繁多的文本、花字、文字模板等，如图 A04-18 所示。风格任意切换，一键添加，简单编辑就可以完成复杂多样的标题动画。

图 A04-18

在这里可以新建"默认文本"，选择时间线上新建的文本，在右侧的【功能】面板中可以编辑文字的【字体】【样式】【描边】【背景】等样式，还可以添加【气泡】【花字】等文字效果，让文字具有设计感。对于编辑好的文本，可以单击【保存预设】按钮，下次使用时可以直接使用预设来快速完成字幕编辑。

在右侧【功能】面板中，打开【动画】功能区，在这里可以为文本添加【入场】【出场】【循环】动画，在界面下方可以调整动画的【时长】，如图A04-19所示。

打开【跟踪】功能区，可以使用剪映中的【运动追踪】功能，如图A04-20所示。选择跟踪的属性，可以将文本跟踪到视频中的固定位置，运动追踪功能同样适用于视频素材、文本模板、贴纸。

打开【朗读】功能区，这里可以根据文本内容直接生成人物语音，单击不同的风格可以进行预览，如图A04-21所示。确定语音风格之后，单击右下角的【开始朗读】按钮，就会在时间线上生成对应的音频。还可以对生成的语音进行变声处理，一秒变声为"萝莉""怪物"等，生动有趣。

剪映的智能字幕功能非常强大，单击【智能字幕】按钮，可以看到【识别字幕】和【文稿匹配】功能，如图A04-22所示。

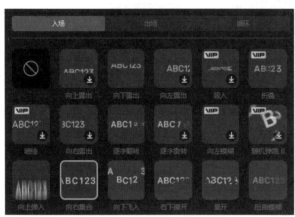

图 A04-19

图 A04-20

图 A04-21

图 A04-22

◆ 贴纸

贴纸也是一种常用的素材，包含了已经制作好的动画和效果，如图A04-23所示，可以直接应用到视频上，也可以在搜索栏中输入关键字进行搜索，总会找到你喜欢的类型。

添加贴纸后，在【功能】面板中打开【动画】功能区，可以为贴图设置【入场】【出场】【循环】动画。在【跟踪】功能区中，还可以将贴图跟踪到视频中的固定位置。

◆ 特效

打开【特效】素材库，可以看到酷炫有趣的【画面特效】与【人物特效】，这些特效可以识别画面中的人物动作与面部表情。单击特效可以在【播放器】中预览特效，如图A04-24所示。

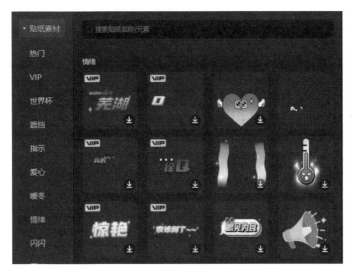

图 A04-23

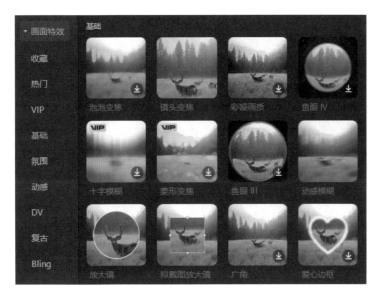

图 A04-24

　　需要注意的是，这里的特效不仅可以添加到【时间线】上，作用于整个时间线上的所有片段，还可以直接添加到单独的片段上。

　　单击特效的【添加到轨道】按钮后，特效会出现在时间线上，默认持续时间为 3 秒，可以像修剪视频一样对特效进行修剪，控制特效的持续时间，如图 A04-25 所示。

图 A04-25

　　如果只需要对当前片段应用特效，可以选择特效并拖曳到片段上，特效的持续时间也可以进行修改，如图 A04-26 所示。

如果在同一个视频上添加了多个特效，可以单击片段左上角的【特效 - 编辑】按钮，查看添加的特效，如图 A04-27 所示。

图 A04-26 　　　　　　　　　　　　　　　　图 A04-27

单击特效后，可以在【功能】面板的【基础】选项卡中修改特效的【速度】【不透明度】【颜色】等参数。需要注意的是，很多特效的参数是不一样的。

如果想要删除片段上的特效，可以在特效片段上右击，在弹出的菜单中选择【删除】选项。或者选择片段后，在【画面】功能区的【基础】选项卡中，单击【删除】按钮，如图 A04-28 所示。

在【人物特效】选项卡中，添加的特效会自动识别画面中的动作和表情，可以一键应用，查看匹配的效果，如图 A04-29 所示。

图 A04-28 　　　　　　　　　　　　　　　　图 A04-29

◆ 转场

转场效果丰富多样，不需要创建关键帧，就可以实现运镜、幻灯片、动画等个性化转场效果，使视频之间的衔接更加酷炫、有趣，如图 A04-30 所示。

图 A04-30

打开【转场】素材库，将任意转场拖曳到两个片段之间，即可应用转场效果，默认转场的【时长】为0.5秒，在【功能】面板中可以调节转场的时长，也可以直接在轨道上拖动控制转场的时长。

在【功能】面板中单击【应用全部】按钮，如图A04-31所示，即可在【时间线】的所有片段上应用相同的转场效果。

◆ 滤镜

多种风格的专业级滤镜可以对视频色调进行风格化处理。打开【滤镜】素材库，可以看到【滤镜库】选项卡中存放着各种滤镜。使用滤镜时，直接将滤镜添加到轨道或者片段上。选择滤镜或带有滤镜的片段，在【功能】面板中，可以调整滤镜的【强度】参数，如图A04-32所示。

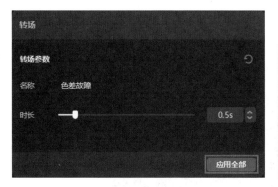

图 A04-31

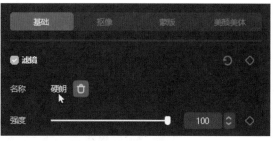

图 A04-32

需要注意的是，在片段上添加滤镜时，只能添加一种滤镜，如果再次添加滤镜，那么新的滤镜将替换之前的滤镜。

◆ 模板

在【模板】素材库中，提供了【剪同款】的功能，可以预览同款视频，制作时只需要替换素材，编辑文字就可以快速完成视频制作。在【素材包】选项卡中，提供了更多模板、片头、片尾等，可以查看不同的分类，单击相应素材包可以预览内容，如图A04-33所示。

图 A04-33

添加素材包到轨道上后，可以看到其中包含了文本、特效、贴图、音效等多种元素。选择任意元素都会选中整个素材包，因为这些元素默认是链接在一起的，移动时是同步移动的。在【功能】面板会显示

"组合中有多类片段，双击组合片段，可进行调参操作"的提示。

如果想要修改其中的单个元素，需要双击单个元素调整，或者右击素材包，选择【解除素材包】选项，然后才可以单独编辑各个元素。

3.【播放器】面板

【播放器】是监视窗口，用来预览【时间线】上的内容，可以单击【播放器】右上角的【面板菜单图标】按钮。选择【调色示波器】选项，如图 A04-34 所示，用于给视频调色和修改预览质量，还可以将当前画面导出为静帧。

图 A04-34

在播放器右下角有三个按钮，单击【放大镜】按钮，可以放大或缩小预览画面的大小。单击【自定义】按钮，可以修改视频的尺寸，如图 A04-35 所示。单击第三个按钮可以将预览画面全屏显示。

图 A04-35

4.【时间线】面板

在【时间线】面板左侧，有一些功能按钮，如图 A04-36 所示。在 A04.3 节"软件基本操作"中会详细讲解。

图 A04-36

在轨道的左侧也有一些功能按钮，最左侧的标志会显示轨道的类型，包括视频轨道、音频轨道、特效轨道、文本轨道、贴纸轨道、滤镜轨道、调节轨道，如图 A04-37 所示。

- 【轨道锁定】🔒：锁定当前轨道，不能对轨道上的片段进行任何操作。
- 【隐藏轨道】👁：可以隐藏轨道上的所有内容。

◔【关闭原声】 🔇：可以关闭轨道上的音频。

在【时间线】右侧，有【录音】【主轨磁吸】【自动吸附】【联动】【预览轴】按钮，还有缩小和放大时间线的按钮，如图 A04-38 所示。

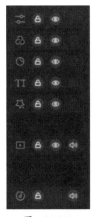

图 A04-37

图 A04-38

◔【录音】 🎤：单击该按钮，会打开【录音】窗口，如图 A04-39 所示。这里可以设置输入的设备、音量等，单击红色的【录音】按钮就可以录音了，录制完成后，轨道中会出现录制的音频。

图 A04-39

◔【主轨磁吸】 ：激活状态下，在主轨道上剪辑视频时，片段之间不会产生间隙，取消激活状态后，可以随意地控制两个片段之间的时间间隙。

◔【自动吸附】 ：激活状态下，在移动片段时会自动吸附到附近的片段，能够帮助我们更精确地移动片段。

◔【联动】 ：激活状态下，在移动主轨道上的片段时，主轨道上应用的一些文本、特效、贴纸也会跟着主轨道的片段一起移动。

◔【预览轴】 ：激活状态下，光标在轨道上移动时，播放器会自动播放当前位置的画面，用来预览时间线上的内容。

最右侧的就是时间线缩放按钮，方便预览轨道上的片段。

5.【功能】面板

在界面右侧的是【功能】面板。当没有选择任何素材时，显示的是当前草稿的设置，可以单击【修改】按钮，设置草稿的名称、尺寸、帧速率等。

选择素材或特效、贴图等元素后，显示的是与元素相关的设置，如图 A04-40 所示。

图 A04-40

在这里可以进行关键帧动画制作、视频变速、抠像、蒙版、美颜瘦身、调色等操作。

A04.3　软件基本操作

下面通过剪映专业版，简单介绍一下软件的基本操作，剪映 App 的操作与之类似。

1.分割与修剪素材

打开剪映专业版，选择时间线上的素材，移动指针到任意时间点，单击【分割】按钮或按 Ctrl+K 快捷键，时间线上的素材就会被分割为两个片段，如图 A04-41 所示。

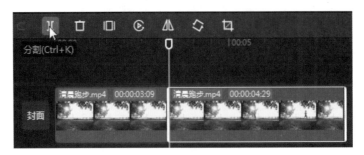

图 A04-41

如果没有选择任何片段，快捷键将会分割主轨道上的片段，也可以单击【选择工具】按钮切换为【分割】工具，如图 A04-42 所示，此时光标会变为剃刀的图标，在片段上单击即可随意分割片段。

如果想直接修剪片段，可以将光标移至片段的两侧边缘，使用鼠标拖动边缘来完成修剪操作，如图 A04-43 所示。

图 A04-42　　　　　　　　　　　图 A04-43

2. 基础编辑命令

选择轨道上的素材后，会出现多个工具按钮，如图 A04-44 所示。

图 A04-44

- 【定格】：单击该按钮，可以在播放头当前位置生成定格帧，默认时间为 3 秒，视频自动分为两个片段。
- 【倒放】：单击该按钮，可以将当前选择的素材变为倒放，再次单击该按钮可以将素材恢复为原始状态。
- 【镜像】：单击该按钮，素材会水平翻转 180°，再次单击【镜像】按钮，素材可以恢复为原始状态。
- 【旋转】：每单击一次该按钮都会将视频顺时针旋转 90°。
- 【裁剪】：单击该按钮，会打开【裁剪】窗口，如图 A04-45 所示，可以将视频画面旋转一定角度，按照指定的比例进行裁剪，单击【确定】按钮，即可将视频裁剪。

A04-45

- 【智能剪口播】：选择口播视频后，单击该按钮，软件会对当前视频进行分析，并打开新的窗口，智能识别口播视频中的停顿、重复和语气词。

3. 视频变速

在剪映中，可以对视频进行变速操作。选择时间线上的视频，然后在【功能】面板中切换到【变速】功能区，如图 A04-46 所示。

在【常规变速】选项卡中，有两种方式可以设置变速，即设置变速的【倍数】或设置视频的【时长】。如果媒体素材含音频，还可以打开【声音变调】开关，使音频在变速的同时改变声调。

当视频减速时，可能会出现视频播放卡顿的现象。可以选中【智能补帧】复选框，选择【帧融合】或【光流法】选项，如图 A04-47 所示。软件将自动处理视频，处理完成后会显示"智能补帧已完成"的提示信息。

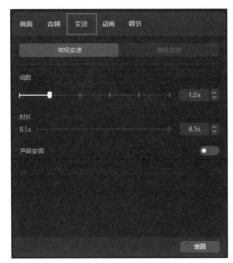

图 A04-46

图 A04-47

切换到【曲线变速】选项卡，单击任意曲线，可以设置视频的速度，如图 A04-48 所示。

如果对这些变速曲线的效果不满意，还可以使用【自定义】曲线，或者在预设的曲线图中进行调整，如图 A04-49 所示。

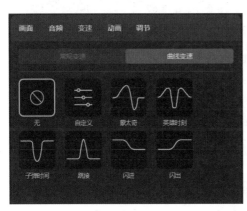

图 A04-48

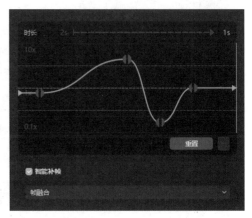

图 A04-49

4. 替换素材

替换素材非常简单，只需从【媒体】素材库中选择视频素材，将其移动到【时间线】的视频上即可，剪映会弹出【替换】对话框，如图 A04-50 所示。

图 A04-50

在对话框中可以左右移动视频预览框，选择要替换的区间。默认情况下，会选中【复用原视频效果】复选框，这样替换后，原来片段上应用的视频效果将不会消失。

如果替换的素材比原视频的时间要短，则无法完成替换，会显示"当前视频小于原片段时长，不支持替换"的提示信息。

5. 视频抠像

视频抠像指的是有选择性地保留视频中想要的部分。

在剪映中，有三种抠像方式，选择素材后，打开【抠像】选项卡，可以看到三个复选框：【色度抠图】【自定义抠像】和【智能抠像】，如图 A04-51 所示。

首先来看一下第一种抠像方式：【色度抠图】。【色度抠图】适合绿屏或蓝屏这种有纯色背景的素材。将绿屏素材放到时间线上，选中【色度抠图】复选框，然后使用【取色器】吸取画面中的绿色，如图 A04-52 所示。

图 A04-51

图 A04-52

吸取颜色后，设置【强度】为40，【阴影】为35，这时画面中的绿色就被抠掉了，效果如图A04-53所示。

图 A04-53

接下来看一下第二种抠像方式：【自定义抠像】。可以使用画笔涂抹的方式进行抠像，抠像方式类似于After Effects 中的 Roto 笔刷工具，选中【自定义抠像】复选框，如图A04-54所示，可以通过对画面进行涂抹来选择要保留的区域。

图 A04-54

首先，使用智能画笔在需要保留的区域涂抹，涂抹区域会显示为蓝色，如果蓝色区域过大，可以切换为【智能橡皮】按钮，或者【橡皮擦】按钮，将多余部分擦除，通过修改【大小】数值来控制画笔的大小，这样能更精确地调整蓝色选区，最终效果如图A04-55所示。

图 A04-55

确定好需要保留的区域后，单击【应用效果】按钮，即可完成自定义抠像。

最后一种方式是【智能抠像】，这是一种简单快捷的抠像方式，使用了软件的智能算法。选择一段素材后，直接选中【智能抠像】复选框，剪映将进行分析处理，处理前后的效果可以参考图 A04-56。

图 A04-56

6. 蒙版

选择素材后，在【功能】面板中单击【蒙版】选项卡，在剪映专业版中，提供了六种蒙版选项，如图 A04-57 所示。

如可以单击【矩形】蒙版，在播放器中即可看到应用蒙版的效果，如图 A04-58 所示。

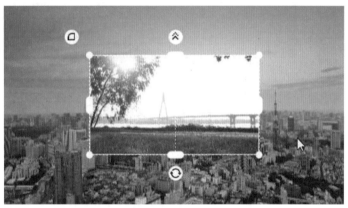

图 A04-57   图 A04-58

在【播放器】中，可以使用鼠标来控制蒙版的【位置】【旋转】【大小】【羽化】【圆角】等属性。如果需要精确控制，可以在【功能】面板中找到对应的属性，如图 A04-59 所示。

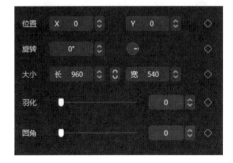

图 A04-59

此外，还可以通过单击关键帧来制作蒙版动画。

7．美颜美体

剪映专业版在美颜美体方面非常智能，操作简单、快捷，并能智能识别脸型与体型。

导入一段人物脸部的视频素材后，在【功能】面板中打开【美颜美体】选项卡，可以看到各种美颜美体的属性，如图 A04-60 所示。

选中并展开【美颜】复选框，如图 A04-61 所示。

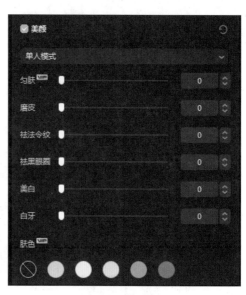

图 A04-60   图 A04-61

在下拉菜单中，可以选择【单人模式】或【全局模式】。在【单人模式】下，剪映将会识别画面中的多个人脸。单击人脸后，人脸周围的框就会变为蓝色选中状态，如图 A04-62 所示，单击可以切换人脸，从而单独调整每个人脸的美颜效果。在【全局模式】下，所有人脸框都会变为蓝色选中状态，调整参数将应用于所有可识别的人脸。

图 A04-62

在调节参数时，在【播放器】中可以实时查看效果。此外，选择【肤色】后，可以看到【冷暖】【程度】属性，能够直接更改为不同的肤色。

接下来选中并展开【美型】复选框，如图 A04-63 所示，可以自由切换【面部】【眼部】【鼻子】【嘴巴】

【眉毛】标签，每个标签都有更细致的参数，可以自由调整。

　　选中【手动瘦脸】复选框，还可以使用【画笔】在脸部区域进行涂抹，如图 A04-64 所示。涂抹过程中可以改变人脸的轮廓，手动控制瘦脸的效果，类似于 Photoshop 中的【液化工具】。

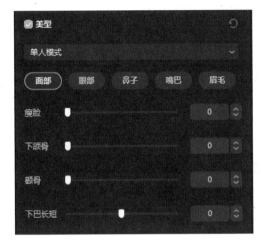

图 A04-63

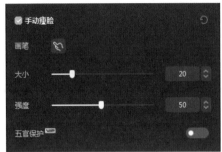

图 A04-64

　　选中【美妆】复选框，还可以为人脸化妆，如图 A04-65 所示，可以选择【套装】标签或其他标签，直接单击按钮即可看到效果。

　　选择一段模特的视频素材后，选中【美体】复选框，如图 A04-66 所示，可以对人体进行瘦身、长腿、瘦腰等调整。

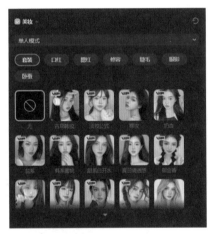

图 A04-65

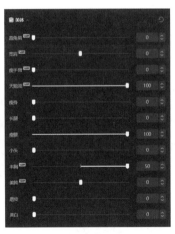

图 A04-66

8．调色

　　在剪映中，应用 LUT 或使用【调节层】都可以进行调色，在【功能】面板的【调节】功能区可以看到【基础】【HSL】【曲线】【色轮】等选项卡，如图 A04-67 所示。

　　如果需要对单个片段进行调节，选择片段后，在【功能】面板的【调节】选项卡中修改参数即可，调整好效果后，可以单击右下角的【保存预设】按钮。

　　在【素材】面板中打开【调节】素材库，在【我的预设】标签中可以看到之前保存的预设，如图 A04-68 所示，右击预设，可以对预设重命名或删除。

单击【我的预设】下面的【LUT】选项卡，单击【导入】按钮，可以导入 LUT 文件，剪映支持 cube 和 3dl 格式的 LUT 文件。导入后，可以看到存放的 LUT 预设，如图 A04-69 所示。

图 A04-67

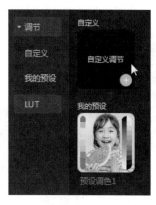
图 A04-68

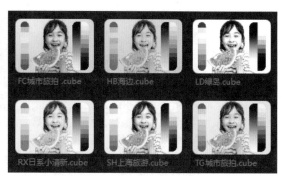
图 A04-69

如果需要对轨道上的多个片段进行调节，可以单击 LUT 的【添加到轨道】按钮，这时会在轨道上出现调节层，这里的调节层类似于 Premiere Pro 中的调整图层。调节层可以影响多个片段，并且可以为参数添加关键帧。单击调节层后，在【功能】面板中可以看到相同的调节参数。

A04.4 实例练习——花瓣滤镜效果

本案例将使用花瓣素材，通过变速功能制作比较热门的花瓣滤镜短视频，最终效果如图 A04-70 所示。

图 A04-70

操作步骤：

01 打开剪映专业版，单击【开始创作】按钮，如图 A04-71 所示。

图 A04-71

02 单击【媒体】-【素材库】，在搜索框中输入文字"卡通花瓣飘落"，如图 A04-72 所示。

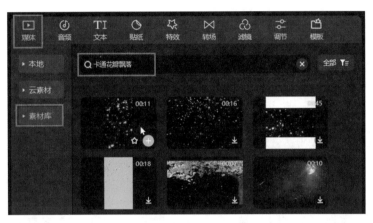

图 A04-72

03 将"卡通花瓣飘落"素材添加到时间线上，因为该素材中有音乐，右击素材，在弹出的菜单中选择【分离音乐】选项，音频轨道上会出现音频，如图 A04-73 所示，将分离出来的音频删除。

04 选择视频，在【功能】面板中单击【变速】功能区，设置【倍数】为 0.3x，并选中【智能补帧】复选框，同时选择【光流法】选项，如图 A04-74 所示。

图 A04-73

图 A04-74

05 选择"卡通花瓣飘落"素材，将入点移动到 3 秒处，导入素材"女孩"，放到"卡通花瓣飘落"的轨道下方，如图 A04-75 所示。

图 A04-75

06 使用【分割】工具在"女孩"素材的3秒帧处切开，然后打开【转场】素材库，单击【光效】标签，选择【炫光】，如图A04-76所示。将其添加到"女孩"素材的分割点上，如图A04-77所示，在【功能】面板中设置【炫光】的【时长】为1秒。

图 A04-76

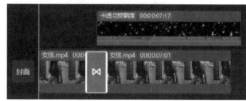

图 A04-77

07 导入音频素材"花瓣滤镜音乐"，将其添加到时间线上，修剪音乐时间为10秒左右，如图A04-78所示。

08 开始为转场添加音效。打开【音频】-【转场】素材库，找到【旋风】，如图A04-79所示。将其添加到转场的位置，如图A04-80所示。然后修改【音量】为"-10"。

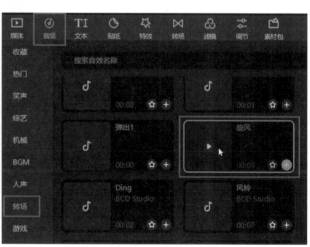

图 A04-78

图 A04-79

09 选择"卡通花瓣飘落"素材，修改【混合模式】为【滤色】，这样花瓣素材的黑色部分就看不见了，播放时间线查看效果，如图 A04-81 所示。

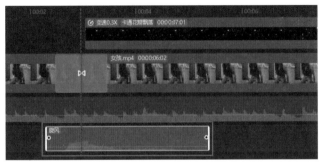

图 A04-80

图 A04-81

A04.5   实例练习——人物分身效果

本案例使用智能抠像，可以快速完成人物分身的效果，再添加一些人物特效，在视觉上非常炫酷，最终效果如图 A04-82 所示。

图 A04-82

操作步骤：

01 打开剪映专业版，导入素材"舞蹈"，然后复制视频到第二轨道，在 6 秒处添加分割点，如图 A04-83 所示。

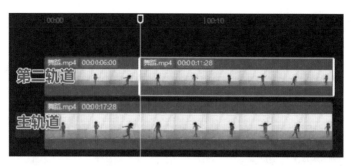

图 A04-83

02 选择第二轨道的后面片段，右击，选择【基础编辑】-【镜像】选项，如图 A04-84 所示，效果如图 A04-85 所示。

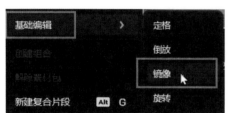

图 A04-84

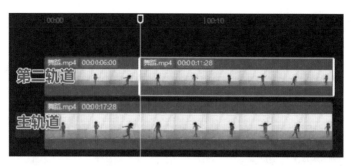

图 A04-85

03 打开【抠像】选项卡，选中【智能抠像】复选框，如图 A04-86 所示，这样视频中就出现了人物的分身效果，效果如图 A04-87 所示。

图 A04-86

图 A04-87

04 打开【转场】-【模糊】素材库，在第二个轨道上添加转场【放射】，这样画面就有了一个人物变为两个人物的过程，如图 A04-88 所示。

图 A04-88

🔟 打开【特效】-【人物特效】-【装饰】素材库,在转场完成后添加特效【妖气】,一直持续到视频结束,效果如图 A04-89 所示。

图 A04-89

🔟 打开【音频】-【音乐素材】素材库,添加合适的背景音乐,如图 A04-90 所示,播放视频查看最终效果。

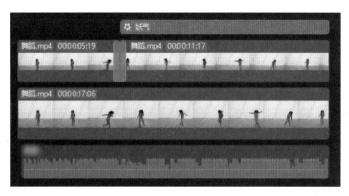

图 A04 90

A04.6　实例练习——镜像空间

本案例使用蒙版搭配字幕制作一个很有意境的镜像空间,最终效果如图 A04-91 所示。

图 A04-91

操作步骤：

01 打开剪映专业版，导入素材"城市夜景"，将视频放到时间线上，使用【分割】工具在 3 秒左右处将视频切开。选择后面的片段，修改【位置】为"0，-424"，将画面向下移动，如图 A04-92 所示。

图 A04-92

02 打开【蒙版】选项卡，单击【线性】蒙版，参数设置如图 A04-93 所示，将画面中的天空部分遮住，如图 A04-94 所示。

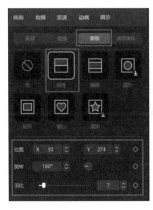

图 A04-93

图 A04-94

03 选择该片段，将其复制到第二层轨道，修改【旋转】为180°，这样镜像空间的效果就出现了，如图 A04-95 所示。

图 A04-95

04 选择上下两个片段，右击，在弹出的菜单中选择【新建复合片段】选项，在复合片段与视频开始片段之间添加转场【推近】。

05 打开【文本】-【简约】素材库，在【文字模板】选项卡中添加文字，并编辑文字，播放视频可以看到默认的文字动画，如图 A04-96 所示。

图 A04-96

06 添加背景音乐，修剪音乐并设置到合适的位置。这样，一个镜像空间的效果就制作完成了。

A04.7 实例练习——卡点舞蹈视频

本案例讲解根据音频节奏制作卡点的舞蹈视频，非常具有节奏感，最终效果如图 A04-97 所示。

图 A04-97

操作步骤：

01 打开剪映 App，点击【开始创作】按钮，如图 A04-98 所示。

02 选中视频素材"嗨起来"，点击界面下方的【添加】按钮，导入视频，如图 A04-99 所示。

图 A04-98   图 A04-99

03 点击【添加音频】，然后点击界面下方的【音乐】按钮，如图 A04-100 所示。

04 打开【导入音乐】选项卡，点击【本地音乐】按钮，选择准备好的背景音乐"BGM"，点击【使用】按钮，如图 A04-101 所示。

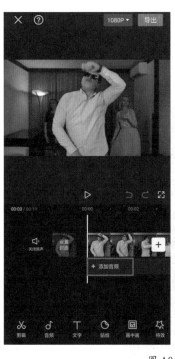

图 A04-100

图 A04-101

05 选择视频素材"嗨起来",点击界面下方的【抖音玩法】按钮,如图 A04-102 所示。选择【视频玩法】中的【丝滑变速】选项,添加丝滑变速特效,接着点击右下角的✓按钮,如图 A04-103 所示。播放视频,此时画面中的人物已经有了变速效果。

图 A04-102

图 A04-103

06 分别点击返回按钮◀和◀，然后打开【特效】-【画面特效】-【动感】素材库，选择【蹦迪彩光】特效并点击☑按钮，为视频添加蹦迪彩光特效，如图 A04-104 所示。这时，时间线上的特效片段如图 A04-105所示。

图 A04-104   图 A04-105

07 点击返回按钮◀，然后打开【画面特效】-【动感】素材库，选择【魅力光束】特效并点击☑按钮，为视频添加魅力光束特效，如图 A04-106 所示。

08 调整两个特效的持续时间，使其与视频长度相同，如图 A04-107 所示，这样一个丝滑变速的视频就制作好了，播放视频查看效果，如图 A04-97 所示。

图 A04-106   图 A04-107

A04.8 实例练习——舞蹈装饰特效

使用剪映 App 制作人物特效非常有趣,用来装饰舞蹈视频的效果也很好,如图 A04-108 所示。

图 A04-108

操作步骤:

01 使用手机打开剪映 App,导入视频素材"舞蹈",如图 A04-109 所示,点击【添加音频】按钮,然后打开【音乐】素材库,选择【酷炫】选项卡,如图 A04-110 所示。找到合适的背景音乐,点击【使用】按钮,将其添加到时间线上。

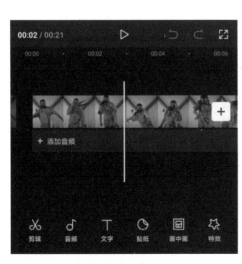

图 A04-109

图 A04-110

02 打开【特效】-【人物特效】素材库,在【身体】选项卡中找到【沉沦】【虚拟人生 I】并添加效果,如图 A04-111 所示。这时,时间线上的特效片段如图 A04-112 所示。

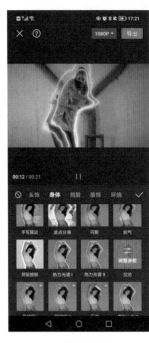

图 A04-111　　　　　　　　图 A04-112

03 切换到【装饰】选项卡，如图 A04-113 所示。

04 依次添加【气泡 I】【单击】【激光几何】【科技氛围 III】【太阳神】【变身】效果，并调整特效的位置，添加完效果后，在时间线上调整效果的位置和时间。这时，时间线上的特效片段如图 A04-114 所示。

图 A04-113　　　　　　　　图 A04-114

A04.9 实例练习——变身漫画脸

使用【抖音玩法】中的效果可以一键将人脸变为漫画脸，最终效果如图 A04-115 所示。

图 A04-115

操作步骤：

01 使用手机打开剪映 App，点击【开始创作】按钮，导入素材"微笑的女孩"，选择视频，在界面下方找到【复制】选项，如图 A04-116 所示。将视频复制出一段，视频副本会出现在原视频的后面。

图 A04-116

02 点击两段视频中间的转场按钮，如图 A04-117 所示，在【模糊】选项卡中找到【放射】，为其添加【放射】视频转场，如图 A04-118 所示。

图 A04-117　　　　　　　　　　图 A04-118

　　⁰³ 选择后面的视频片段，打开【抖音玩法】，添加【人像风格】中的【魔法变身】效果，这时人脸就会变成动漫人物的效果，如图 A04-119 所示。

　　⁰⁴ 打开【特效】-【画面特效】素材库，在【氛围】选项卡中找到【星火炸开】并添加效果，调整时间线上【星火炸开】效果片段的位置，使其在转场完成后出现，如图 A04-120 所示。

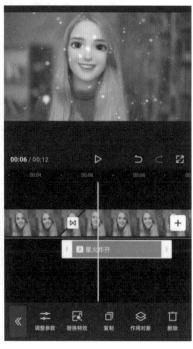

图 A04-119　　　　　　　　　　图 A04-120

05 打开【音频】-【音乐】素材库，点击【导入音乐】选项卡，在【本地音乐】中选择"Under Water"并导入，修剪音乐并将其调整到合适位置，如图A04-121所示。

06 选择音频素材，点击【淡化】按钮，分别设置1秒左右的淡入时长、淡出时长，如图A04-122所示。播放时间线，即可查看效果。

图 A04-121

图 A04-122

A04.10 实例练习——跟踪足球小特效

使用跟踪功能，可以在视频上添加炫酷的贴纸，制作合成动画效果。跟踪足球最终效果如图A04-123所示。

图 A04-123

操作步骤：

01 打开剪映专业版，导入素材"踢球"，使用【分割】工具在2秒左右将视频分割开。然后打开【转场】-【故障】素材库，添加转场【黑色块】到视频分割处，效果如图 A04-124 所示。

  02 打开【贴纸】-【贴纸素材】-【游戏元素】素材库，如图 A04-125 所示，在转场过后添加蓝色光效的贴纸素材，如图 A04-126 所示。

  03 选择贴纸，打开【跟踪】选项卡，单击【运动跟踪】按钮，如图 A04-127 所示。

图 A04-124   图 A04-125

图 A04-126   图 A04-127

  04 这时画面中出现黄色矩形框，将矩形框放在画面中足球的区域，如图 A04-128 所示，然后单击【开始跟踪】按钮，等待跟踪结束。

图 A04-128

05 跟踪结束后，选择蓝色光效的贴纸，调整位置和大小，放在画面中的足球上。播放视频，可以看到贴纸已经跟踪足球，如图 A04-129 所示。

图 A04-129

06 添加黄色球形的贴纸，如图 A04-130 所示。单击【运动跟踪】按钮，跟踪结束后，调整贴纸的大小，放在画面中足球区域，在时间线上随意修剪贴纸的持续时间。

图 A04-130

07 使用相同的方法依次添加一些【游戏元素】选项卡中的贴纸，并修剪贴纸的持续时间，调整后时间线如图 A04-131 所示。

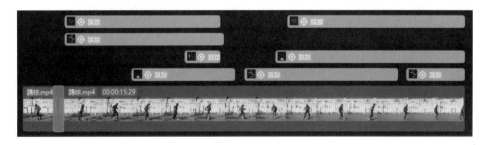

图 A04-131

08 打开【特效】-【暗黑】素材库，在视频转场时添加【负片频闪】效果，然后添加特效【波纹色差】【抖动】，修剪效果片段的持续时间，这时时间线如图 A04-132 所示，增加了画面的动感元素，效果如图 A04-133 所示。

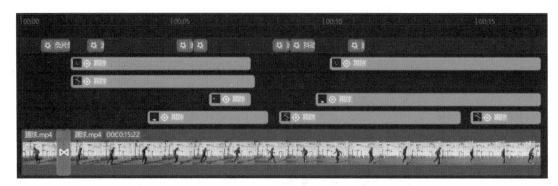

图 A04-132

图 A04-133

09 打开【特效】-【基础】素材库，在视频结尾处添加特效【全剧终】作为结尾画面，效果如图 A04-134 所示。

图 A04-134

10 打开【音频】-【音乐素材】素材库，添加合适的背景音乐。

11 打开【音效素材】选项卡，搜索"电流电击声""电流攻击""电流转场通用音效"，配合画面中的贴纸添加对应音效，如图 A04-135 所示。

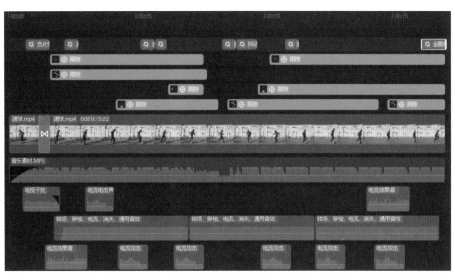

图 A04-135

12 移动指针到结尾处，单击快捷键 O 添加出点，然后单击右上角的【导出】按钮，查看最终效果。

A04.11　实例练习——人物动作定格效果

通过抠像和定格功能，可以制作人物的定格效果，添加文字，可以制作体现积极向上的短视频。本案例最终效果如图 A04-136 所示。

图 A04-136

操作步骤：

01 打开剪映专业版，导入视频素材"跨栏"。首先选择视频，移动时间线上的指针到 0 秒处，单击【定格】按钮，会出现定格帧，然后将视频向上移动到第二轨道，将定格帧作为背景，并修剪与视频的持续时间对齐，如图 A04-137 所示。

02 选择"跨栏"视频，在【功能】面板中单击【抠像】选项卡，选中并展开【自定义抠像】复选框，如图 A04-138 所示。

03 使用【智能画笔】将人物区域涂满，单击【应用效果】按钮，将人物抠出，如图 A04-139 所示。

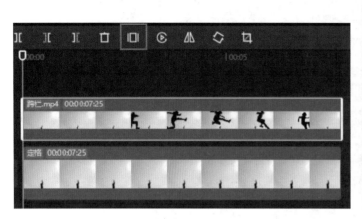

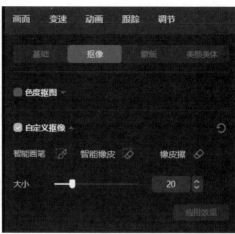

图 A04-137 图 A04-138

图 A04-139

04 再次在时间线上添加视频"跨栏",将视频前面 2 秒 9 帧的部分剪掉,如图 A04-140 所示。

05 选择第三轨道的视频,打开【变速】功能区,单击【常规变速】选项卡,修改【倍数】为 0.1x,并选中【智能补帧】复选框,选择【光流法】选项,如图 A04-141 所示,将视频 7 秒 25 帧后的部分剪掉。

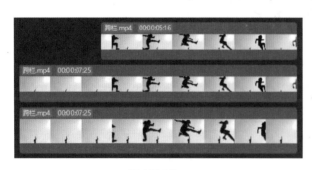

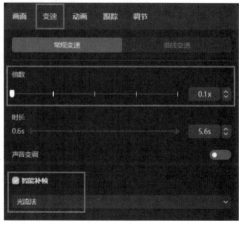

图 A04-140 图 A04-141

06 按照步骤 2 的方法,在【抠像】选项卡中选中并展开【自定义抠像】复选框,对变速后的视频进行抠像处理。播放时间线，这样就出现了两个人影，如图 A04-142 所示。

图 A04-142

07 在时间线上再次添加"跨栏"视频素材，将视频前 4 秒的部分剪掉，如图 A04-143 所示。

08 在【变速】功能区中选择【常规变速】选项卡，设置【倍数】为 0.3x，选中【智能补帧】复选框，选择【光流法】选项，如图 A04-144 所示，将视频 7 秒 25 帧后的部分剪掉。

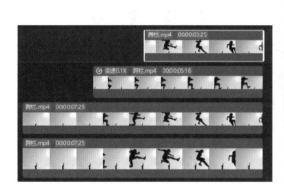

图 A04-143

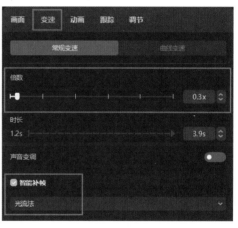

图 A04-144

09 选择变速后的视频，在【抠像】选项卡中选中【自定义抠像】复选框，对变速后的视频做抠像处理。播放时间线，这样就出现了三个人影，如图 A04-145 所示。

图 A04-145

[10] 选择所有视频右击，在弹出的菜单中选择【新建复合片段】选项，如图 A04-146 所示。移动指针到 6 秒 6 帧处，单击【定格】按钮，将定格帧后面的片段删除，打开【转场】-【拍摄】素材库，添加视频转场【拍摄器】，如图 A04-147 所示。

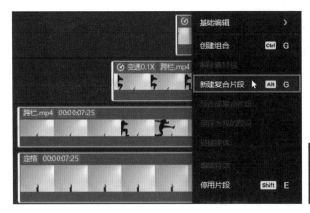

图 A04-146   图 A04-147

[11] 打开【音频】素材库，添加音效素材"相机对焦快门声"与合适的背景音乐，将音效放在视频转场的地方，如图 A04-148 所示。

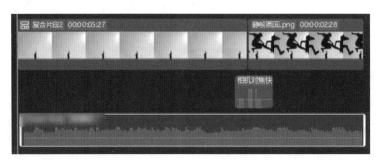

图 A04-148

[12] 打开【文本】-【文字模板】-【运动】素材库，找到【文本】，如图 A04-149 所示。添加文本并修改文字为"ALWAYS UP"，效果如图 A04-150 所示。

图 A04-149   图 A04-150

[13] 打开【特效】-【画面特效】-【氛围】素材库，在转场后添加效果【星火炸开】，这时时间线如图 A04-151 所示。播放时间线查看效果，如图 A04-152 所示。这样人物动作定格的效果就制作完成了。

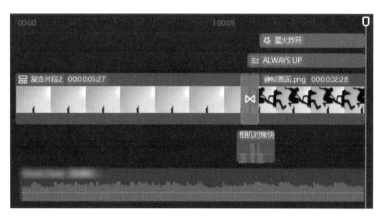

图 A04-151

图 A04-152

A04.12　实例练习——文艺风格短片

制作文艺风格的短视频时，如果没有人声，视频就会很单调，可以使用【朗读功能】生成语音。本案例最终效果如图 A04-153 所示。

图 A04-153

操作步骤：

01 打开剪映专业版，导入全部视频素材，首先将视频素材放在时间线上，并对素材进行粗剪，如图 A04-154 所示。

图 A04-154

02 打开【转场】素材库，在所有视频片段之间添加转场【叠化】，在【功能】面板中调整视频转场【时长】为 1 秒左右，如图 A04-155 所示。

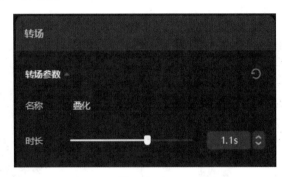

图 A04-155

03 打开【文本】素材库，添加【默认文本】到时间线上，在【功能】面板的【基础】选项卡中修改【字体】【字号】，并添加字体的【阴影】，部分参数及效果如图 A04-156 所示，然后单击右下角的【保存预设】按钮。

图 A04-156

04 在【文本】-【新建文本】素材库中，多次使用保存的文字预设，将文字编辑好放在时间线上，如图 A04-157 所示。

图 A04-157

05 打开【动画】功能区，设置文本的【入场】动画为【模糊】，【出场】动画为【渐隐】，如图 A04-158 所示。分别为所有文本设置相同的入场动画与出场动画。

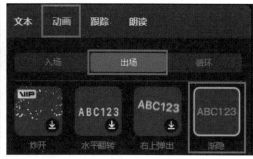

图 A04-158

06 选择文本，打开【朗读】功能区，单击【心灵鸡汤】按钮，单击右下角的【开始朗读】按钮，如 图 A04-159 所示，分别将所有文本执行朗读功能。

图 A04-159

07 打开【特效】素材库，添加【基础】中的特效【变清晰 II】到时间线上，在【功能】面板中设置 【模糊】为 100，【速度】为 15，如图 A04-160 所示，效果如图 A04-161 所示。

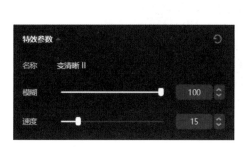

图 A04-160   图 A04-161

08 添加效果【暗角】到时间线上，修剪特效的持续时间与文本"面对无趣的自己？"对齐，效果如图 A04-162 所示，这时时间线如图 A04-163 所示。

图 A04-162   图 A04-163

09 添加效果【模糊闭幕】到时间线上，修剪特效的持续时间与"空镜"对齐，效果如图 A04-164 所示。

图 A04-164

10 添加【氛围】中的效果【浪漫氛围Ⅱ】到时间线上，修剪特效的持续时间一直到视频结束，效果如图 A04-165 所示。

图 A04-165

11 选择"摩托"，在【变速】功能区中单击【曲线变速】选项卡，单击【自定义】按钮，调整曲线，如图 A04-166 所示，选中【智能补帧】复选框，选择【光流法】选项。

　　 12 打开【音频】-【音乐素材】素材库，添加合适的背景音乐到时间线上，如图 A04-167 所示。播放时间线，查看最终效果。

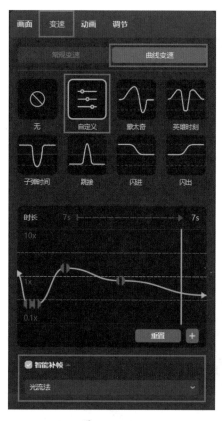

图 A04-166

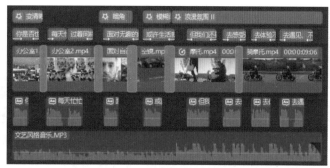

图 A04-167

A04.13　综合案例——镜中异世界

　　使用蒙版，可以将镜子中的画面变为其他视频，然后添加特效和音效，就可以制作镜中异世界效果了，本案例的最终效果如图 A04-168 所示。

图 A04-168

操作步骤：

01 打开剪映专业版，导入素材"刷牙"，并在 7 秒处将视频分割开，如图 A04-169 所示。

02 选择前面的片段，复制一层创建副本放到第二轨道上，然后右击执行【基础编辑】-【倒放】命令，如图 A04-170 所示。

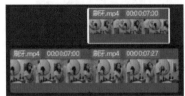

图 A04-169   图 A04-170

03 选择倒放的片段，单击【蒙版】选项卡，选择【圆形】蒙版，然后调整蒙版的【位置】与【旋转】参数，将画面中的镜子框住，然后单击【反转】按钮，如图 A04-171 所示。

04 选择主轨道上的后面片段，添加圆形蒙版并设置相同的参数，但是不要单击【反转】按钮，效果如图 A04-172 所示。播放时间线查看效果，这样画面中镜子外的内容变成了倒放，镜子中的内容正常播放。

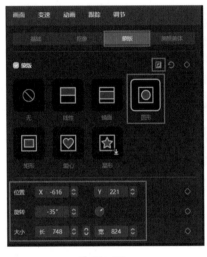

图 A04-171   图 A04-172

05 开始为画面中镜子内的视频制作特效。选择主轨道上后面的片段，使用【分割】工具在 11 秒处将视频分割，然后在 12 秒 19 帧处单击【定格】按钮添加定格帧，如图 A04-173 所示。

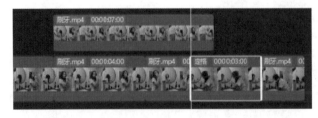

图 A04-173

06 打开【特效】素材库，分别将特效【暗黑噪点】【拽酷红眼】添加到 11 秒到 12 秒 19 帧之间的片段上，如图 A04-174 所示，效果如图 A04-175 所示。

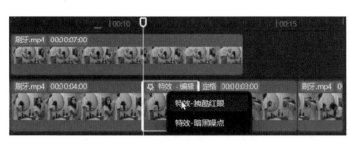

图 A04-174 　　　　　　　　　　　　　　　　　图 A04-175

07 在定格帧上添加特效【拽酷红眼】【负片频闪】，效果如图 A04-176 所示。

08 选择倒放的片段，同样在 12 秒 19 帧处单击【定格】按钮，如图 A04-177 所示，让视频镜子内外同步定格。

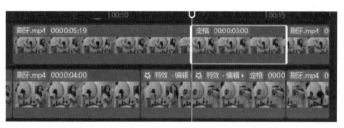

图 A04-176 　　　　　　　　　　　　　　　　　图 A04-177

09 在 9 秒左右的位置添加特效【灵魂出窍】，效果如图 A04-178 所示。

图 A04-178

10 打开【音频】-【音效素材】素材库，添加音效"恐怖音效""心跳声"到时间线上，音效位置如图 A04-179 所示。

11 添加合适的背景音乐并在 12 秒 9 帧处添加【音量】关键帧，在 12 秒 19 帧出现特效时将音频的音量降低为"-13.6dB"，如图 A04-180 所示。制作完成后播放视频查看效果。

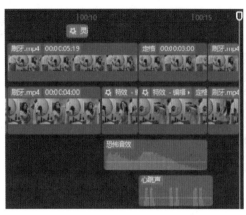

图 A04-179　　　　　　　　　　　　　　图 A04-180

A04.14　综合案例——文字遮罩效果

　　使用混合模式可以在画面上制作文字的遮罩效果，从而制作一个充满温馨浪漫气氛的短视频，本案例的最终效果如图 A04-181 所示。

图 A04-181

操作步骤：

　　01 打开剪映专业版，导入视频素材，修剪视频持续时间为 5 秒左右，然后打开【转场】素材库，在视频之间添加视频转场【叠加】【推进】，设置【推进】的【时长】为 1 秒，【叠加】的时长默认即可，如图 A04-182 所示。

图 A04-182

　　02 打开【音频】-【音乐素材】素材库，添加合适的背景音乐到时间线上，并根据视频内容调整音频的位置，选择音频，添加淡入与淡出，如图 A04-183 所示。

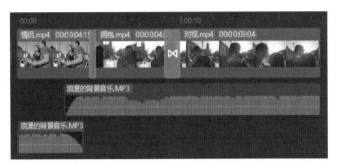

图 A04-183

03 打开【文本】素材库，添加默认文本，设置【字体】为【思源黑体 Bold】，【大小】为 90，输入文字 "一路走来"，调整文本的【位置】属性值，只显示 "一路" 两个字，如图 A04-184 所示。

04 选择文本 "一路走来"，在【动画】功能区中设置【入场】动画为【向右集合】，设置【出场】动画为【向左解散】，设置【动画时长】为 1 秒，这样文字就可以在播放动画时显示出来，如图 A04-185 所示。

图 A04-184

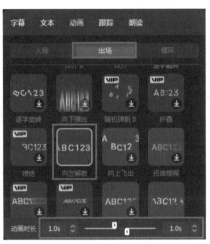

图 A04-185

05 继续添加文本 "走来" 并设置文本的【入场】动画为【羽化向左擦开】，设置【出场】动画为【晕开】，调整文本的【动画时长】为 1 秒左右。

06 继续添加文本 "感恩 有你" 并设置文本的【入场】动画为【晕开】，调整文本动画的【时长】，修剪文字的持续时间，在视频转场【推进】时结束，如图 A04-186 所示。

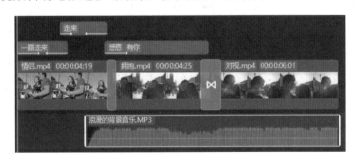

图 A04-186

07 打开【媒体】-【素材库】，添加【黑场】【白场】素材到时间线上，并修剪素材持续时间，在主轨道中的视频转场到中点时结束，如图 A04-187 所示。

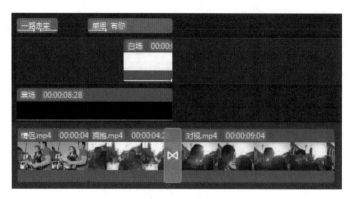

图 A04-187

08 选择【黑场】，设置【不透明度】为 80%，这样方便后面的复合片段使用混合模式。

09 选择【白场】，在【蒙版】功能区中选择蒙版【爱心】，添加爱心形状的蒙版，效果如图 A04-188 所示。

10 选择【白场】，在【动画】功能区的【组合】选项卡中，单击【缩放】按钮，这样画面中的爱心就有了缩放的动画，如图 A04-189 所示。

图 A04-188

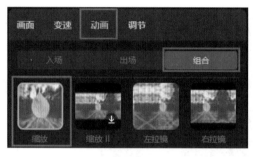

图 A04-189

11 选择【黑场】【白场】以及所有文本右击，在弹出的菜单中选择【新建复合片段】选项，选择复合片段，修改【混合模式】为【变暗】，如图 A04-190 所示。这样复合片段中的白色部分就会变透明，黑色半透明部分也可以看到视频的颜色，效果如图 A04-191 所示。

图 A04-190

图 A04-191

12 打开【特效】-【画面特效】-【氛围】素材库，开始为视频添加装饰效果，添加【光斑飘落】【星火炸开】特效并修剪特效的持续时间，如图 A04-192 所示。在视频转场时切换特效，效果如图 A04-193 所示。

图 A04-192

图 A04-193

13 播放视频查看效果。这样一个使用文字作遮罩的效果就制作完成了。

A04.15 综合案例——音乐节奏卡点

使用剪映的自动踩点功能，根据音频的节奏点制作卡点视频，本案例的最终效果如图 A04-194 所示。

图 A04-194

操作步骤：

01 打开剪映专业版，导入 7 个视频素材，添加背景音乐"卡点变速音乐"，将音乐添加到时间线上，这个案例的卡点主要运用了剪辑、蒙版的动画。选择音频，单击【自动踩点】按钮，选择【踩节拍 II 】选项，如图 A04-195 所示，这样音频上会出现节拍点，如图 A04-196 所示。

图 A04-195　　　　　　　　　　　　图 A04-196

02 添加视频"房车前的女孩"到时间线上，选择视频，在6秒14帧处将视频分割成两个片段，选择前面的片段，单击【变速】按钮，设置【倍数】为2.5x，如图A04-197所示。调整后面的片段时间位置，如图A04-198所示。

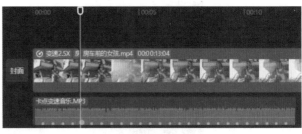

图 A04-197　　　　　　　　　　　　图 A04-198

03 选择后面的片段，在时间轴的2秒21帧左右开始，每隔3～4帧分割视频素材，然后将时长为3～4帧的小碎片段删除，裁剪出不相邻的12个片段。参考音频片段的节拍点，调整片段时间位置和持续时长，将这些片段的入点与音乐鼓点的重音吻合，即可制作出跟随音乐节奏的卡点效果，如图A04-199所示。

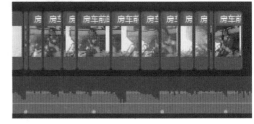

图 A04-199

04 将视频"跳舞的女孩"添加到时间线上，在【蒙版】选项卡中单击【镜面】按钮，设置【位置】为"-652，0"并记录关键帧，设置【旋转】为"-90°"，【大小】为"620"，如图A04-200所示，效果如图A04-201所示。

图 A04-200　　　　　　　　　　　　图 A04-201

05 根据音频的节奏点，修剪视频时长为 22 帧，修改蒙版的【位置】属性值，将蒙版移动到中间或者右侧，如图 A04-202 所示。

图 A04-202

06 分别添加"扔麦片""彩灯""跳舞"特效到时间线上，修剪视频时长为 3 ～ 4 帧，如图 A04-203 所示。分别添加【镜面】蒙版，并单击【反向】按钮，如图 A04-204 所示。

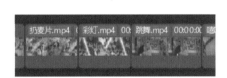

图 A04-203   图 A04-204

07 调整蒙版的【旋转】【位置】【大小】参数，使前后两个视频的蒙版不一样，如图 A04-205 所示。

图 A04-205

图 A04-205（续）

⑧ 添加视频"嘻哈"，添加【镜像】蒙版，并设置蒙版【旋转】为 90°，根据音频的节奏修剪视频时长为 13 帧，如图 A04-206 所示。

⑨ 添加素材"跳舞女孩"放在视频"嘻哈"后，修剪视频时长为 1 秒 15 帧。

⑩ 在第二轨道 6 秒 9 帧处添加视频"车前跳舞"，修剪视频时长为 6 秒左右，打开【动画】功能区，在【入场动画】选项卡中添加【渐显】动画，设置【动画时长】为 0.8 秒，效果如图 A04-207 所示。

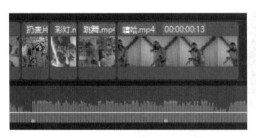

图 A04-206

图 A04-207

⑪ 这样视频剪辑部分就完成了，时间线如图 A04-208 所示。然后配合音频节奏制作效果，在 4 秒 5 帧

处添加特效【波纹色差】，特效时长为 2 秒左右，效果如图 A04-209 所示。

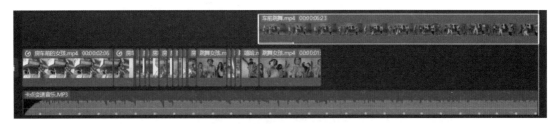

图 A04-208

图 A04-209

⓬ 在 6 秒处添加特效【灵魂出窍】，设置特效的【范围】为 27，修剪特效时长为 13 帧，效果如图 A04-210 所示。

图 A04-210

⓭ 在 7 秒后添加特效【蹦迪彩光】【负片游移】【抖动】等作为视频装饰，效果如图 A04-211 所示。最终时间线状态如图 A04-212 所示。

图 A04-211

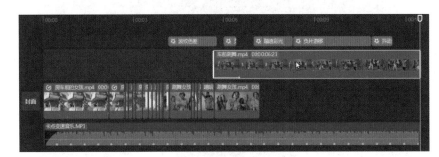

图 A04-212

A04.16　综合案例——文字消散效果

使用文字的【动画】功能可以制作消散的效果，将人物抠出来放到文字前面，然后将视频变速处理，本案例的最终效果如图 A04-213 所示。

图 A04-213

操作步骤：

01 打开剪映专业版，导入素材"跑步""粒子"，将"跑步"放到时间线上，打开【变速】功能区，单击【曲线变速】选项卡，单击【闪进】按钮，补帧方式选择【光流法】选项，如图 A04-214 所示。然后调整速度曲线，在画面中的人物离镜头较近时减速。

02 将"跑步"复制一层放到第二个轨道上，然后选择副本，在【抠像】选项卡中，选中【智能抠像】复选框，这时，画面中的人物被抠出，如图 A04-215 所示。

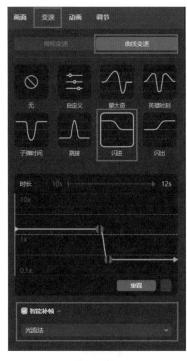

图 A04-214 图 A04-215

03 开始添加文字。打开【文本】素材库，添加文本并输入文字"坚持热爱"，设置文字的【字体】【字号】【阴影】等参数，效果如图 A04-216 所示。

04 打开【动画】功能区，设置文本的【入场】动画为【向下露出】，【时长】为 1 秒；设置【出场】动画为【溶解】，【时长】为 3 秒，如图 A04-217 所示。

图 A04-216 图 A04-217

05 在添加文字出场动画时，添加视频素材"粒子"，调整视频的【混合模式】为【滤色】，然后调整图层的位置、大小。复制一层副本，调整"粒子"在时间线上的位置，如图 A04-218 所示，尽量与文字的【溶解】动画重合，效果如图 A04-219 所示。

图 A04-218

图 A04-219

06 播放视频，这样"文字"与"粒子"都在人物的前方，将抠像后的人物放在最前面，选择"坚持热爱""粒子"与主轨道上的"跑步"，右击，在弹出的菜单中选择【新建复合片段】选项，效果如图 A04-220所示。

图 A04-220

07 打开【特效】-【画面特效】-【动感】素材库，在文字【溶解】动画开始时添加特效【波纹色差】，效果如图 A04-221 所示。

图 A04-221

08 打开【音频】-【音乐素材】素材库，添加合适的背景音乐到时间线上并修剪，这样一个文字消散效果的视频就制作完成了，时间线如图 A04-222 所示。

图 A04-222

A04.17　综合案例——人物定格出场效果

使用【定格】和【抠像】功能，再添加文字就可以制作人物出场的短视频，本案例的最终效果如图 A04-223 所示。

图 A04-223

操作步骤：

01 打开剪映专业版，导入素材"背景""安吉拉"，移动"安吉拉"的入点，将视频前 5 秒修剪去掉，然后移动指针到 11 秒处，单击【定格】按钮，生成定格帧，如图 A04-224 所示。

02 将定格帧后面的视频片段删除，选择视频片段与定格帧，向左移动到开始处，然后打开【音频】-【音乐素材】-【酷炫】素材库，添加合适的音乐到时间线上，选择音乐，单击【自动踩点】按钮，选择【踩节拍 1】选项，时间线上的音乐会出现黄色的节拍点，如图 A04-225 所示。

图 A04-224

图 A04-225

    03 修剪音乐，将第四个节奏点对齐到定格帧的位置并添加【淡入】【淡出】。然后选择定格帧，延长时间至 5 秒，同时延长"背景"的时长至 11 秒，如图 A04-226 所示。

    04 选择定格帧，打开【抠像】选项卡，选中【智能抠像】复选框，将人物抠出，如图 A04-227 所示。

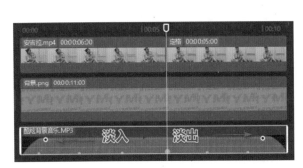

图 A04-226

图 A04-227

    05 在定格帧开始处添加【位置大小】关键帧，然后向右移动 5 帧左右，修改【位置】参数，如图 A04-228 所示，制作关键帧动画，效果如图 A04-229 所示。

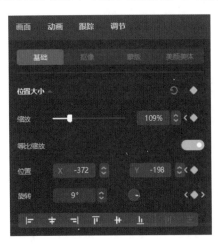

图 A04-228

图 A04-229

    06 打开【特效】-【潮酷】素材库，添加特效【荧光扫描】到时间线上，效果如图 A04-230 所示。

图 A04-230

07 开始添加文字。打开【文本】-【文字模板】-【运动】素材库，添加其中的文字模板到时间线上并修改文字内容，效果如图 A04-231 所示。

图 A04-231

08 依次添加特效【波纹色差】【录制边框 III】，打开【贴纸】素材库，添加【边框】中的白色线框，时间线如图 A04-232 所示，效果如图 A04-233 所示。

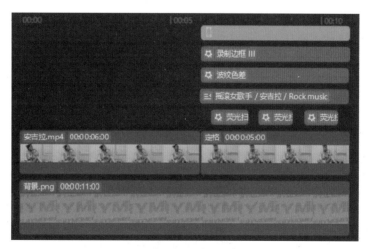

图 A04-232

图 A04-233

09 选择定格帧，打开【调节】功能区，修改【亮度】为26，【对比度】为30，【阴影】为-31，如图 A04-234 所示。使前后画面有色调上的对比变化，效果如图 A04-235 所示。

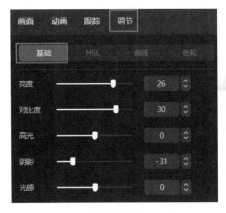

图 A04-234

图 A04-235

A04.18 综合案例——超燃格斗短视频

剪辑完格斗的视频后，根据音频节奏添加特效，就可以制作超燃的短视频，本案例的最终效果如图 A04-236 所示。

图 A04-236

操作步骤：

01 打开剪映专业版，单击【开始创作】按钮，在本地导入所有视频素材，导入本地音乐"超燃背景音乐"。

02 根据音频节奏点，修剪视频片段为 1～2 秒，将"混合格斗 4"放置在 9 秒处作为高潮部分，在背景音乐上添加 2 秒的淡入、淡出，如图 A04-237 所示。

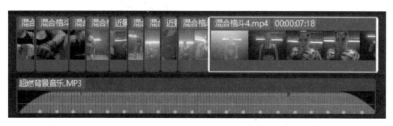

图 A04-237

03 打开【转场】素材库，在视频之间几个位置处依次添加转场【色差故障】【拉远】【光束】，如图 A04-238 所示。

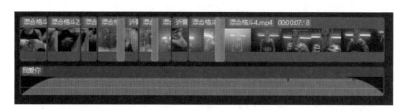

图 A04-238

04 打开【模板】-【素材包】-【泛知识】素材库，找到【内容标题|片头】添加到时间线上，选择文本，在【功能】面板中修改文字属性，效果如图 A04-239 所示。

05 打开【特效】-【热门】素材库，在 10 秒左右添加特效【声波攻击】到轨道中，延长效果的持续时间直至视频结束，效果如图 A04-240 所示。

图 A04-239

图 A04-240

06 在人物举起拳头时添加效果【抖动】，让画面更有动感，更有冲击力；添加效果【火光蔓延】作装饰，时间线如图 A04-241 所示，效果如图 A04-242 所示。

图 A04-241

图 A04-242

07 添加效果【负片频闪】并修剪效果的时长，让画面看起来更加酷炫，如图 A04-243 所示。

图 A04-243

08 最后的部分留下 2 秒左右的时间只显示【声波攻击】效果，还原视频画面，如图 A04-244 所示。播放时间线查看效果。

图 A04-244

A04.19　综合案例——唯美古风效果

使用水墨素材并添加文字可以制作唯美的古风电子相册，本案例的最终效果如图 A04-245 所示。

图 A04-245

操作步骤：

01 打开剪映专业版，单击【开始创作】按钮，导入全部素材放在时间线上，如图 A04-246 所示。在【播放器】中调整画面比例为【9：16（抖音）】。

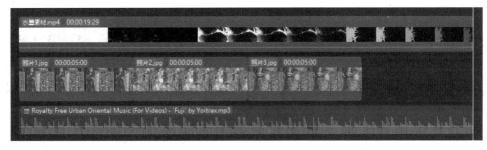

图 A04-246

02 选择"水墨素材"，设置【混合模式】为【滤色】，然后播放时间线上的水墨素材，修剪照片时长，在水墨素材全部为白色时切换图片，如图 A04-247 所示。

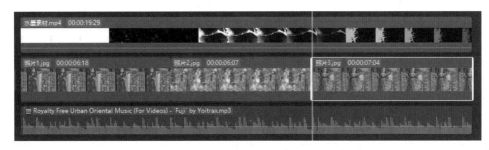

图 A04-247

03 选择"图片1"，在开始处修改【缩放】为119%，添加【位置】关键帧，设置为（202，0），在"图片1"结束时修改【位置】为"-202，0"，制作水平位移动画，效果如图 A04-248 所示。

04 选择"图片2"，修改【缩放】为119%，添加【位置】关键帧，制作从左向右的位移动画，效果如图 A04-249 所示。

05 选择"图片3"，添加【缩放】关键帧，制作图片慢慢变大的缩放动画，效果如图 A04-250 所示。

图 A04-248　　　　　　　　　　　图 A04-249　　　　　　　　　　　图 A04-250

06 打开【转场】素材库，在图片之间依次添加视频转场【向右】【推进】，并调整视频转场的【时长】为 1.5 秒，如图 A04-251 所示。

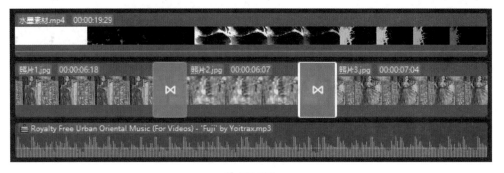

图 A04-251

07 打开【特效】-【氛围】素材库，分别在图片上方添加效果【星火炸开】【光斑飘落】【星月童话】，为图片添加装饰，如图 A04-252 所示。

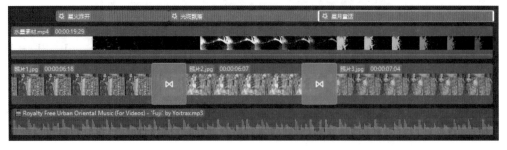

图 A04-252

08 打开【文本】-【文字模板】-【旅行】素材库，选择三个文字模板添加到时间线上并编辑修改文字。一个唯美古风写真就制作完成了，效果如图 A04-253 所示。

图 A04-253

A04.20　综合案例——照片变漫画效果

使用【抖音玩法】功能可以将实拍的照片转换为漫画效果，本案例的最终效果如图 A04-254 所示。

图 A04-254

操作步骤：

01 使用手机打开剪映 App，点击【开始创作】按钮，导入素材"时尚女孩"，如图 A04-255 所示。

02 选择图片，打开【抖音玩法】选项卡，选择【漫画写真】，点击右下角 ✓ 按钮，生成效果如图 A04-256 所示。

图 A04-255   图 A04-256

03 点击剪映 App 左上角的关闭按钮，关闭手机上的草稿，将草稿重命名为"照片变漫画效果"，然后选择【上传】选项，将其上传到云空间，如图 A04-257 所示。

04 打开剪映专业版，在我的云空间将草稿下载到本地，打开"照片变漫画效果"，导入原始素材"时尚女孩"。

05 将"时尚女孩"放到时间线上"漫画写真"图片的前面，选择"时尚女孩"，添加【入场】动画【轻微抖动III】，然后修改【动画时长】为 4 秒，如图 A04-258 所示。

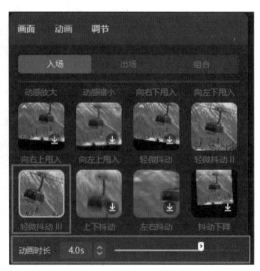

图 A04-257   图 A04-258

06 在素材库中将"时尚女孩"移到时间线上，放在"漫画效果"的轨道上方。打开【抠像】选项卡，选中【智能抠像】复选框，然后调整【位置】与【缩放】，之后将其放在画面的左下角，效果如图 A04-259 所示。

07 打开【特效】-【画面特效】-【光】素材库，找到【暗夜彩虹】，直接将特效应用到图片漫画效果上，如图 A04-260 所示。

图 A04-259 图 A04-260

08 选择抠像后的照片与"漫画效果"，右击，在弹出的菜单中选择【新建复合片段】选项，然后打开【转场】-【拍摄】素材库，在"时尚女孩"与"复合片段"之间添加视频转场【拍摄器Ⅲ】，设置转场的【时长】为 2 秒，效果如图 A04-261 所示。

09 打开【特效】-【动感】素材库，在转场开始前 1 秒左右添加特效【灵魂出窍】，设置特效的【范围】为 20，并修剪特效的时长为 15 帧，使效果只出现一次，效果如图 A04-262 所示。

图 A04-261 图 A04-262

10 在转场过程中添加特效【心跳】，修剪【心跳】的持续时间为 20 帧，使效果在转场时出现一次，如图 A04-263 所示。

⑪ 在转场完成后添加特效【金粉闪闪】，修剪特效持续时间直至视频结束，效果如图 A04-264 所示。

图 A04-263 　　　　　　　　　　图 A04-264

⑫ 打开【文本】-【文本模板】-【时间地点】素材库，添加文本并输入文字"Every day"，如图 A04-265 所示。

⑬ 打开【音频】-【音效素材】素材库，找到"相机对焦快门声"，将其添加到时间线上，设置【音量】为5dB，因为转场时长为2秒，需要将快门声分割开，如图 A04-266 所示。

⑭ 打开【音频】-【音乐素材】素材库，添加合适的背景音乐，然后添加【音量】关键帧，在转场完成后增加音乐音量，如图 A04-267 所示。这样照片变漫画效果就制作完成了，播放视频查看效果。

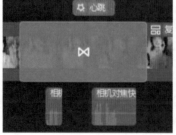

图 A04-265 　　　　　　　　图 A04-266 　　　　　　　　图 A04-267

A04.21　综合案例——异性变身效果

使用【抖音玩法】功能，可以将实拍的照片转换为异性的效果，本案例的最终效果如图 A04-268 所示。

图 A04-268

操作步骤：

01 使用手机打开剪映 App，导入图片素材，然后打开【文字】素材库，点击【新建文本】按钮，输入文字后点击【动画】按钮，在【入场】选项卡中点击【音符弹跳】按钮，如图 A04-269 所示。

02 按照相同的方法准备三段文字，如图 A04-270 所示。

图 A04-269　　　　　　　　　　图 A04-270

03 选择文本，在【文本朗读】功能区中点击【萌趣动漫】选项卡，选择【动漫小新】并点击 ✓ 按钮，如图 A04-271 所示，软件会根据文字生成语音内容。

图 A04-271

04 添加一段背景音乐到时间线上，然后点击【音量】按钮，如图 A04-272 所示。调整音乐的【音量】为 70，点击【淡化】按钮，加入淡入、淡出效果，时间为 1 秒。

05 播放到文字"变身"时将图片分割开，选择后面的图片，打开【抖音玩法】选项卡，选择【性别反转】，如图 A04-273 所示。

图 A04-272　　　　　　　　图 A04-273

06 打开【转场】素材库，在图片之间添加转场【无限穿越Ⅰ】，效果如图 A04-274 所示。

07 打开【特效】-【画面特效】素材库，在变身后分别添加特效【抖动】【星火炸开】【灵魂出窍】，修剪特效片段的时长，增加画面动感，如图 A04-275 所示。

图 A04-274

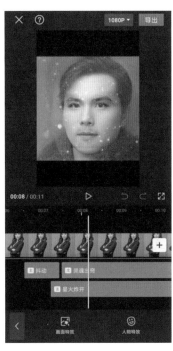
图 A04-275

08 异性变身效果制作完成了，播放视频查看效果。

A04.22 综合案例——照片动态效果

使用【抖音玩法】功能，可以让静态的照片动起来，本案例的最终效果如图 A04-276 所示。

图 A04-276

操作步骤：

01 使用手机打开剪映 App，导入所有图片素材，打开【音频】-【音乐】素材库，添加合适的背景音乐，并根据音频节奏修剪三张照片的播放时长，如图 A04-277 所示。

02 选择第一张图片"蒙古装"，打开【抖音玩法】选项卡，点击【油画玩法】按钮，这时播放图片，图片就变成了动态油画的效果，如图 A04-278 所示。

图 A04-277　　　　　　　　　　　图 A04-278

03 选择第二张图片"射箭 1"，打开【抖音玩法】选项卡，点击【3D 运镜】按钮，这样图片就有了动态运镜效果，使画面更有气势，效果如图 A04-279 所示。

04 选择第三张图片"射箭 2"，打开【抖音玩法】选项卡，点击【3D 照片】按钮，这样图片就有了缓慢的 3D 效果，如图 A04-280 所示。播放视频查看效果。到此，主要的工作就完成了。

图 A04-279　　　　　　　　　　　图 A04-280

05 打开【转场】素材库，分别在三张图片之间添加转场【拉远】。

06 打开【特效】-【画面特效】素材库，添加效果【抖动】【脉搏跳动】，增加画面动态感，效果如图 A04-281 所示。

07 在第二次转场前选择特效【闪黑】，将其添加到时间线上并修剪持续时间为 0.5 秒左右，如图 A04-282 所示。

08 第三张图片出现时添加特效【星火炸开】，设置时长一直持续到视频结束，如图 A04-283 所示。播放视频查看最终效果。

图 A04-281

图 A04-282

图 A04-283

A04.23　综合案例——卡通港漫效果

使用【抖音玩法】功能可以使拍摄的照片变为港漫动画的效果，本案例的最终效果如图 A04-284 所示。

图 A04-284

操作步骤：

01 打开剪映 App，导入素材"黄色衣服女孩"，将视频前 1.5 秒左右片段剪掉，然后在 4 秒左右点击【定格】按钮，如图 A04-285 所示，然后将定格帧后面的视频片段删除。

02 选择定格帧，打开【抖音玩法】选项卡，点击【港漫】按钮，效果如图 A04-286 所示。

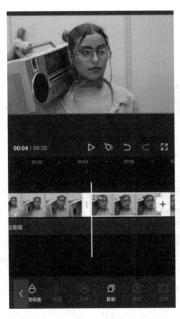 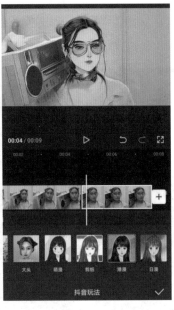

图 A04-285   图 A04-286

03 修剪定格帧图片为 7 秒，点击视频与定格帧之间的转场按钮，点击【光效】按钮，选择视频转场【炫光】，点击 ✓ 按钮添加视频转场，如图 A04-287 所示。

04 选择定格帧，在时间线 6 秒左右点击分割，选择后面的片段，在【动画】功能区，打开【入场动画】选项卡，选择【向右甩入】，效果如图 A04-288 所示。

 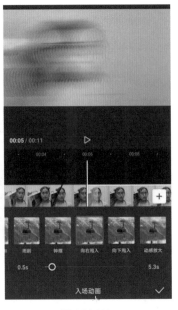

图 A04-287   图 A04-288

05 开始添加特效。打开【特效】-【画面特效】-【氛围】素材库，点击【梦蝶】按钮添加特效，如图 A04-289 所示。移动【梦蝶】到视频转场开始时。

06 打开【动感】选项卡，添加视频特效【波纹色差】，修剪特效直至视频结束，效果如图 A04-290 所示。

图 A04-289   图 A04-290

07 打开【氛围】选项卡，添加视频特效【星火炸开】，修剪特效直至视频结束，如图 A04-291 所示。

08 打开【音频】-【音乐】-【运动】素材库，找到合适的音频并点击【使用】按钮，配合画面内容修剪音频。

09 选择音频，打开【淡化】选项卡，分别设置【淡入时长】【淡出时长】为 1 秒，如图 A04-292 所示，播放视频查看最终效果。

图 A04-291   图 A04-292

A04.24　作业练习——水墨风格相册

练习使用水墨素材和文字制作水墨风格的电子相册，完成效果如图 A04-293 所示。

图 A04-293

作业思路：

打开剪映专业版，导入图片素材，添加音乐到轨道中，然后根据音乐修剪图片的播放时长为 4 ～ 5 秒，在图片之间添加【推进】【拉远】等转场。在素材库中搜索水墨转场，将水墨转场分别放到图片轨道上方，修改【混合模式】为【滤色】，然后分别添加文字并修改文字样式。

A04.25　作业练习——分屏卡点相册

使用【自动踩点】功能，根据音频节奏依次为图片添加蒙版，制作分屏卡点的相册，完成效果如图 A04-294 所示。

图 A04-294

作业思路：

打开剪映专业版，导入全部图片素材，在音频素材中添加一段钢琴音乐，添加图片并为图片添加镜面蒙版，蒙版大小为画面的六分之一，然后根据音频节拍添加图片，最后为所有的图片添加入场动画。

总结

学完本节课内容，大家应该对剪映 App、剪映专业版有了很全面的了解，已经全面掌握软件的基础操作，能够轻松地制作一些常见的视频效果。开始发挥自己的创意，制作有趣的短视频吧。

读书笔记

本课将介绍专业的非线性视频编辑软件 Premiere Pro，工作中通常简称为 PR。Premiere Pro 是 Adobe 公司旗下的产品之一，与 After Effects、Photoshop、Illustrator、Media Encoder 等创意设计应用软件具有良好的兼容性。

Premiere Pro 是一款被广泛应用的视频编辑软件，主要功能包括视频剪辑、视频调色、音频调整、视频过渡和特效处理等。它被广泛应用于影视媒体、短视频创作、电视节目制作、动画等多个领域，是影视后期制作的专业软件之一。

A05.1　了解 Premiere Pro 软件

现在我们来了解一下 Premiere Pro 软件的界面。

1. 软件界面

打开 Premiere Pro 软件后，首先看到的是软件默认的【导入】界面，如图 A05-1 所示。在 Premiere Pro 新版本中，软件界面被重新设计为三个模式，分别是【导入】【编辑】【导出】。

图 A05-1

在【导入】模式中，输入项目的【名称】、设置好【项目位置】，在界面左侧可以浏览本地的媒体文件，在中间区域可以选择导入的素材，选择的顺序会在界面最底部显示出来，单击右下角【创建】按钮，就可以将选择的素材导入项目中了。

在右侧【导入设置】区域，可以打开开关，选择素材导入的方式。

打开【复制媒体】开关，可以将选择的媒体文件重新复制到新的位置。

打开【新建素材箱】开关，可以新建素材箱并将素材放入素材箱中。

打开【创建新序列】开关，Premiere Pro 会根据选择的第一个素材创建序列，如果需要修改序列设置，可以在【编辑】模式下，执行【序列】-【序列设置】命令进行修改。

2. 软件首选项设置

在开始编辑之前，我们需要对 Premiere Pro 的首选项进行一些设置，这些设置将影响软件的操作习惯和性能，以提供更好的用户体验。

首先，执行【编辑】-【首选项】命令，打开【首选项】对话框，如图 A05-2 所示，下面我们来了解一些常用的首选项设置。

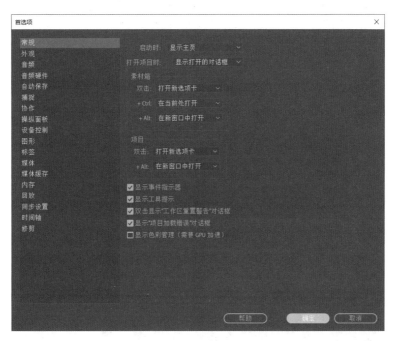

图 A05-2

● 【外观】：软件默认的界面颜色较深，可以根据个人喜好进行调整。可以调整软件界面、交互控件、焦点指示器的颜色亮度，移动滑块即可，如图 A05-3 所示。

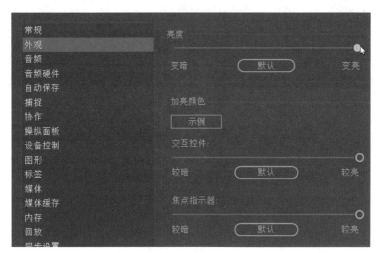

图 A05-3

● 【音频硬件】：用来设置音频的输入和输出设备，如图 A05-4 所示。如果计算机连接了多个音频驱动设备，则需要切换到对应的设备，以确保输入和输出设备正常工作。

图 A05-4

● 【自动保存】：软件会在固定的时间间隔自动保存项目，以防止意外情况导致项目丢失。根据个人需求修改【自动保存时间间隔】和【最大项目版本】，如图 A05-5 所示。

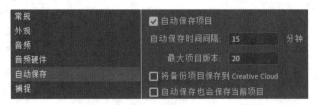

图 A05-5

● 【媒体缓存】：如图 A05-6 所示，在编辑项目的过程中，软件会生成媒体缓存文件。如果不定期清理这些文件，会占用大量内存，影响软件的运行速度。建议将缓存位置修改为除 C 盘以外的其他盘符。

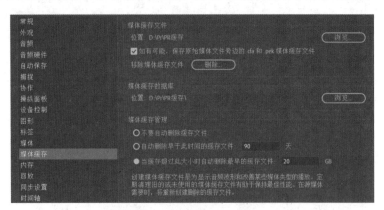

图 A05-6

● 【内存】：软件运行时需要占用很大的内存，建议将内存尽可能多地分配给 Adobe 的软件 Premiere Pro，以提升软件的性能，如图 A05-7 所示。

图 A05-7

⚪【时间轴】：这是一些时间轴上关于编辑操作的设置，如视频过渡、音频过渡、静止图像的默认持续时间和时间轴滚动方式等。

3. 软件快捷键

Premiere Pro 中的许多工具和命令都有对应的快捷键，使用快捷键可以更方便、更快捷地进行编辑操作。这些快捷键被整理在一个面板中，以便用户学习和查看。

执行【编辑】-【快捷键】命令，打开【键盘快捷键】窗口，如图 A05-8 所示。

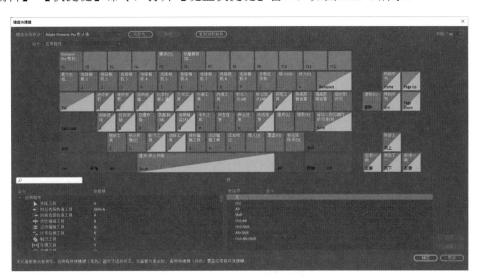

图 A05-8

在【键盘快捷键】窗口中，常用的编辑命令以键盘图标的形式显示。当单击键盘上的按键时，在窗口的右下角会显示该按键对应的命令，以及与修饰键配合使用时可以执行的命令。

如果在左侧的搜索框中输入关键字，还可以搜索工具和命令。在底部的区域会显示相应的快捷键，可以删除原有的快捷键，并将其修改为新的快捷键，如图 A05-9 所示。

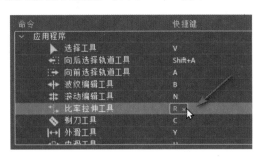

图 A05-9

如果修改后的快捷键与其他快捷键重复，窗口底部会显示"已被另一个应用程序命令使用"的提示。在这里，我们不建议修改默认的快捷键，保持默认设置即可。

A05.2 Premiere Pro 编辑视频工作流程

在使用 Premiere Pro 进行编辑工作时，所遵循的步骤大致有一个先后的工作流程。每个阶段完成相应的任务，按照这个流程进行编辑，可以使工作更加顺畅。

下面介绍这个流程的主要步骤。

1. 准备素材

使用摄像机、单反等设备拍摄收集素材，并将其导入 Premiere Pro 中，Premiere Pro 支持导入多种格式的素材，包括视频、音频、图片、图片序列等。

2. 创建项目

Premiere Pro 会创建独立的项目文件，用于保存和管理所有编辑的数据。项目文件包含编辑过程中使用的视频效果、视频过渡、图形、文字等内容。如果需要进行修改，只需打开项目文件即可重新进行编辑。

3. 创建序列

在项目中创建一个序列，用于确定视频尺寸、帧速率等设置。序列中包含视频轨道、音频轨道、字幕轨道，所有的剪辑都会放置在这些轨道上。

4. 导入素材

将准备好的媒体文件导入 Premiere Pro 中，然后可以在软件中进行预览和分类整理，以备后续的编辑使用。需要注意的是，导入的素材并不是直接储存在软件中，而是以链接的形式保存在【项目】面板中，类似于快捷方式。在软件中编辑和修改剪辑素材时，并不会影响原始的素材文件。

5. 剪辑素材

在轨道上修剪素材，使用不同的剪辑工具删除视频多余的内容，然后剪辑、拼接，运用一些剪辑手法剪辑出完整的故事。

6. 添加效果与过渡

在视频上添加视频效果与视频过渡。Premiere Pro 内置了大量的视频效果和视频过渡，并可以保存为预设，还可以使用第三方提供的外部插件和预设，实现复杂、炫酷的效果，使视频更加丰富、有趣。

7. 配音调色

Premiere Pro 具备强大的音频处理功能，可完成录音、降噪、修复、混响、混音等专业化的音频处理工作。在调色方面同样出色，软件内置了众多滤镜，并支持导入更多的 LUT（look up table，颜色查找表）。通过一键应用，可以快速制作专业的调色效果。对于不熟悉调色的初学者，还可以使用自动校色功能，快速处理画面颜色。

8. 编辑文字

Premiere Pro 可用于创建文字、制作标题动画、编辑字幕和制作图形动画等，还支持转录序列，能智能识别音频中的语音，并将其转化为字幕。通过对字幕进行纠错，能极大提高字幕编辑效率。

9. 导出视频

编辑项目的最后一步是将整个项目导出为便于传输的影片。进入【导出】模式，Premiere Pro 支持多种导出格式，并保存了许多社交平台的格式预设。此外，还可以使用 Adobe Media Encoder 进行批量渲染，以高质量导出视频。

A05.3　掌握剪辑的基本操作

下面介绍软件的基本操作，这些基本操作会频繁地使用，是学习剪辑的关键。

1. 创建序列

执行【文件】-【新建】-【序列】命令，可以打开【新建序列】对话框，如图 A05-10 所示。

图 A05-10

在弹出的【新建序列】对话框中，可以设置序列的编辑模式、视频尺寸、帧速率等参数，设置好的序列也可以执行【序列】-【序列设置】命令进行修改。

在【项目】面板的右下角找到【新建项】按钮，通过单击该按钮，可以快速创建序列或进行其他剪辑。

2. 导入不同格式的素材

（1）导入单图层剪辑。

执行【文件】-【导入】命令，在弹出的窗口中导入素材，或者在【项目】面板右击，在弹出的菜单中选择【导入】选项，导入素材后如图 A05-11 所示。

图 A05-11

在【项目】面板中排列着导入的素材，单击面板左下角的图标，可以修改素材的视图方式，有【列表视图】【图标视图】和【自由变换视图】三种视图方式可供选择。拖动旁边的滑块可以调整图标和预览图的大小。如果需要对素材进行整理和分类，可以单击【新建素材箱】按钮来创建素材箱。

（2）导入图像序列。

在导入时需要先选择第一张图片，然后选中【图像序列】复选框，即可将图像序列完整地导入。

（3）导入 Photoshop 文件。

在导入 Photoshop 文件时，会弹出【导入分层文件】对话框，选择导入的方式，可以选择将图层合并或者分层导入。

（4）导入 Illustrator 文件。

导入 Illustrator 文件时，会自动将文件的所有图层合并为一个图层，合并时会将矢量图形"栅格化"，并对图像边缘做抗锯齿处理。

（5）导入文件夹。

需要导入文件夹时，在导入窗口中选中文件夹，单击右下角的【导入文件夹】按钮，Premiere Pro 将自动生成素材箱，打开素材箱可以看到导入的全部素材。

3. 将素材添加到序列

导入素材有两种不同的方式。

（1）双击【项目】面板中的素材，可以在【源监视器】面板中打开，然后单击【插入】或【覆盖】按钮，将素材添加到序列中。

（2）选择【项目】面板中的素材，直接拖曳到【时间轴】面板中的序列上。如果【时间轴】上没有序列，Premiere Pro 将自动匹配源素材并创建序列。

4. 视频的修剪与拼接

导入的素材可以先在【源监视器】打开，然后单击【标记入点】和【标记出点】按钮，在素材上添加入点、出点，对素材进行粗剪，如图 A05-12 所示。

图 A05-12

粗剪后，添加到序列上的素材将只显示入点和出点之间的内容。

在【工具】面板中单击【剃刀工具】 按钮（快捷键为 C），将光标移至视频上时，光标会变为剃刀的图标，单击视频可以将其切割为两个片段，如图 A05-13 所示。

选择中间的分割点右击，在弹出的菜单中选择【通过编辑连接】选项或者直接按 Delete 键，可以将视频还原为原始状态。

切换为【选择工具】（快捷键为 V），在序列中将光标移动到片段的两端时，光标会变为红色的修剪图标。拖动剪辑的任意一端可以修剪视频的持续时间。在拖动过程中，会显示修剪的时长和视频的持续时间，如图 A05-14 所示。

图 A05-13

图 A05-14

切换为【波纹编辑工具】，修剪视频时，光标会变为黄色的波纹编辑图标，在修剪过程中，会自动将两个片段之间的间隙删除。

切换为【滚动编辑工具】，当光标位于相邻的两个片段之间时，会变为滚动编辑图标。在修剪视频时，相邻的另一段视频会同时修剪，两段视频之间的总长度不变。

如果修剪完成后需要删除序列中的时间间隙，可以在间隙处右击，在弹出的菜单中选择【波纹删除】选项，或者执行【序列】-【封闭间隙】命令一次删除多个间隙。

5. 轨道设置

序列中的轨道数量是可以增加或者删除的。在轨道处右击，可以看到弹出的菜单，如图 A05-15 所示。

选择【添加单个轨道】选项，光标所在的轨道上方会出现新的视频轨道，或在光标所在音频轨道的下方出现新的音频轨道。

选择【删除单个轨道】选项，会将光标所在轨道删除。

如果需要同时添加多个轨道，可以选择【添加轨道】选项，打开【添加轨道】对话框，如图 A05-16 所示，在对话框中，可以设置要添加的轨道数量、位置和轨道类型等。

图 A05-15

图 A05-16

同样地，如果想要删除多个轨道，选择【删除轨道】选项，在对话框中选择要删除的轨道即可，如图 A05-17 所示。

在轨道的左侧，每个轨道上都有一些按钮，如图 A05-18 所示。

图 A05-17

图 A05-18

可以使用这些按钮来锁定轨道、设置轨道同步、显示或隐藏轨道。右击，在弹出的菜单中选择【自定义】选项，可以调整轨道上的按钮。

6. 添加与删除标记

在编辑的过程中可以在序列上添加标记和注释。

有两种方式可以添加标记，一种是添加到剪辑上，另一种是添加到序列上（快捷键为 M）。

选择序列上的剪辑，将指针移动到 5 秒处，在【时间轴】面板或者【节目监视器】面板上单击【标记】按钮，即可添加标记，如图 A05-19 所示。

如果没有选择任何剪辑，标记会添加在序列上，如图 A05-20 所示。

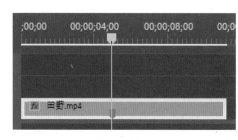
图 A05-19

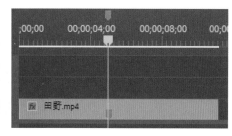
图 A05-20

执行【窗口】-【标记】命令，打开【标记】面板，如图 A05-21 所示。在【标记】面板中可以命名和添加注释。

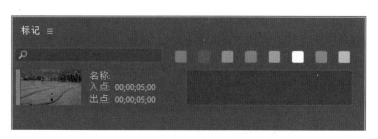
图 A05-21

双击标记，打开【标记】对话框，可以设置标记的持续时间，并修改标记的颜色、类型等属性，如图 A05-22 所示。

7．视频与音频的分割与链接

如果导入的素材包含视频与音频，它们在添加到序列后默认会链接在一起，这意味着它们会同步移动和修剪。如果想要取消链接状态，选择片段后右击，在弹出的菜单中选择【取消链接】选项，这样视频与音频就不会链接在一起了。

如果想要重新链接视频和音频，可以选中它们，然后右击，在弹出的菜单中选择【链接】选项。

8．替换剪辑

编辑项目的过程中，如果需要替换视频素材，可以使用替换素材功能。替换素材分为两种类型，一种是替换序列上的剪辑，另一种是替换源素材。

首先，在序列上替换剪辑，选择序列上的剪辑"田野"右击，在弹出的菜单中选择【使用剪辑替换】选项，替换剪辑有三种方式，如图 A05-23 所示。

- 【从源监视器】：这种方式需要在【源监视器】中打开剪辑，双击【项目】面板中的"弯曲道路"，然后右击，在弹出的菜单中选择【从源监视器】选项，序列上的剪辑"田野"会替换为"弯曲道路"。

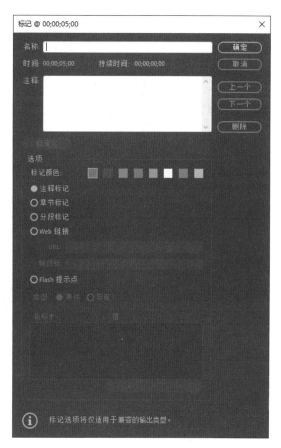
图 A05-22

● 【从源监视器，匹配帧】：这种方式又称同步替换。在【源监视器】中移动指针到要同步的帧，然后移动序列上的指针到需要同步的帧，右击，在弹出的菜单中选择【从源监视器，匹配帧】选项，就可以进行同步替换。替换时要注意，源监视器中，视频同步帧前的时间要大于序列上视频同步帧前的时间，否则会出现替换剪辑错误的提示，如图 A05-24 所示。

图 A05-23   图 A05-24

● 【从素材箱】：在替换素材时，需要在【项目】面板中选中要替换的剪辑，然后右击，在弹出的菜单中选择【从素材箱】选项即可。也可以使用鼠标拖曳替换，在【项目】面板中选择"跳舞"，按住 Alt 键，将"跳舞"拖动到序列中的"田野"上，释放鼠标，即可完成替换。如果替换素材的时长小于被替换素材的时长，替换后会在剪辑上出现斑马线，如图 A05-25 所示。

图 A05-25

再来看一下替换源素材，选择【项目】面板中的"天堂港"右击，在弹出的菜单中选择【替换素材】选项，在媒体浏览器中选择"沙滩"，即可将"天堂港"替换为"沙滩"。如果序列中包含多个"天堂港"的片段，替换后都将变为"沙滩"，这种替换方式可以一次替换多个片段。

9. 使用嵌套序列与子序列

编辑项目的过程中，如果序列上的剪辑太多，会显得非常混乱，这时可以使用嵌套序列的功能，将多个片段组合成一个片段，以便对项目中的片段进行整合。

在序列上添加视频"田野""跳舞""天堂港"，如图 A05-26 所示。

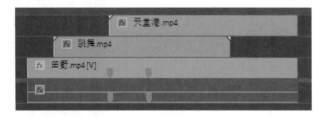

图 A05-26

同时选中三个片段右击，在弹出的菜单中选择【嵌套...】选项，在弹出的窗口中输入嵌套序列的名称，如图 A05-27 所示。

单击【确定】按钮后，序列上的三个片段会变为一个片段，如图 A05-28 所示，在【项目】面板中会出现"嵌套序列 01"的剪辑。

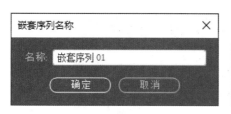

图 A05-27　　　　　　　　　　　图 A05-28

双击"嵌套序列 01"，可以在【时间轴】上打开一个新的选项卡，可以随意修改序列中的三个片段。嵌套序列的作用就像一个文件夹，可以整合、分类和简化序列上的片段，可以在嵌套序列上添加效果和过渡，就像视频剪辑一样。

再次将以上三个片段添加到序列上，然后选中三个片段右击，在弹出的菜单中选择【制作子序列】选项，在【时间轴】面板上不会有任何变化，但是在【项目】面板中会出现一个名为"序列 01_Sub_01"的子序列，双击该子序列即可打开它。

子序列的作用是方便在序列中将素材单独显示出来，并进行独立编辑。这样可以方便将子序列插入其他序列中。

10. 修改剪辑的基本属性

选择序列上的剪辑，打开【效果控件】面板可以看到剪辑的基本属性，如图 A05-29 所示。

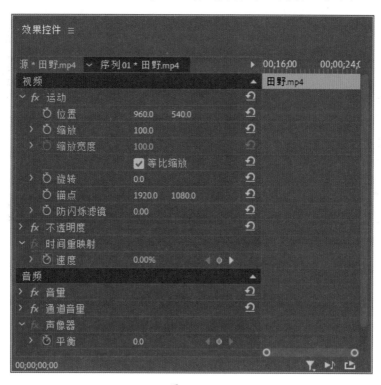

图 A05-29

在【效果控件】面板中可以调整剪辑的【位置】【缩放】【不透明度】等属性。选择【运动】属性栏，可以在【节目监视器】中直接调整剪辑的属性，如图 A05-30 所示。

图 A05-30

打开【不透明度】属性，可以为图层添加蒙版，以将图层的特定区域显示为透明。有三种蒙版可供选择：【添加椭圆形蒙版】【添加 4 点多边形蒙版】【自由绘制贝塞尔曲线】。单击蒙版后，可以显示蒙版的参数，如图 A05-31 所示。

还可以选中【已反转】复选框，以反转不透明区域。调整蒙版参数后，可以看到效果如图 A05-32 所示。

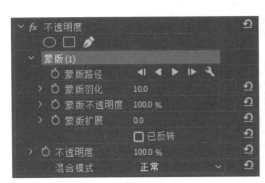

图 A05-31

图 A05-32

11. 制作关键帧动画

在 Premiere Pro 中还可以制作关键帧动画，通过在不同的时间点设置关键帧，软件会自动计算出关键帧之间的数值，从而形成关键帧动画。使用关键帧可以完成画中画、蒙版动画、文字标题动画、图形动画等操作。

选择"田野"，在【效果控件】面板中单击属性前的【秒表】按钮，即可激活关键帧。此时，指针位置会出现第一个关键帧，如图 A05-33 所示。

移动指针，然后单击属性后的菱形按钮，或修改【位置】属性值，即可自动生成关键帧。

通过左右移动关键帧，可以改变关键帧的位置。右击关键帧，在弹出的菜单中可以看到与关键帧相关的命令，如图 A05-34 所示。

如果想要清除所有关键帧，可以单击属性前的【秒表】按钮，会出现"该操作将删除现有关键帧，是否要继续？"的弹窗，单击【确定】按钮后，所有关键帧会被删除。

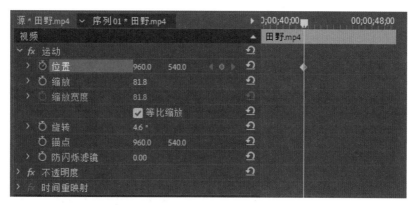

图 A05-33

默认情况下，添加的关键帧都是菱形的线性关键帧，关键帧之间属性数值是匀速变化的。然而，在现实生活中，物体的运动轨迹往往是不均匀的。因此，在软件中，关键帧被分为两种类型：【临时插值】和【空间插值】。

●【临时插值】：也称为时间插值，指的是对时间值进行插值。一些属性只有时间组件，如【不透明度】属性。

●【空间插值】：指的是对空间值进行插值。一些属性除了具有时间组件，还具有空间组件，如【位置】属性。

这两种插值类型又可以进一步细分为不同的类型，如图 A05-35 所示，不同类型的关键帧具有不同的运动速度。

图 A05-34   图 A05-35

●【线性】：这种运动方式是匀速的，比较机械，关键帧图标为菱形。

●【贝塞尔曲线】：可以更精确地调整运动路径，关键帧曲线的两个方向的手柄可以独立调整，关键帧图标为漏斗形。

●【自动贝塞尔曲线】：这是空间插值的默认方式，可以自动创建平滑的运动效果，关键帧图标为圆形，当手动调节曲线两侧的手柄时，它会变成贝塞尔曲线类型。

●【连续贝塞尔曲线】：使用这种方式也可以创建平滑的运动效果，关键帧两侧的手柄可以控制运动路径的形状，关键帧图标为漏斗形。

●【定格】：这种方式可以改变运动属性随时间变换的值，但没有中间过渡，关键帧图标为五边形。

● 【缓入】：减缓关键帧之前的数值变化速度。

● 【缓出】：减缓关键帧之后的数值变化速度。

使用鼠标也可以在时间线中修改关键帧曲线，如图 A05-36 所示。曲线越陡，表示单位时间内属性变化越快。

12. 粘贴属性

如果序列中的剪辑包含关键帧动画和各种效果，可以将制作好的动画和效果复制到其他视频剪辑上。

选择视频，使用快捷键 Ctrl+C 进行复制，然后选择需要粘贴的视频剪辑右击，在弹出的菜单中选择【粘贴属性】选项，打开【粘贴属性】对话框，如图 A05-37 所示。

图 A05-36　　　　　　　　　　　　　　图 A05-37

在对话框中可以选中需要粘贴的复选框，单击【确定】按钮后，选中的效果和关键帧动画就会被复制到新的剪辑上。

A05.4　制作标题与字幕

在编辑过程中，经常使用文本和字幕以更清晰地传达视频内容。Premiere Pro 提供了强大的功能，可以创建丰富的文字、标题动画和图形动画。

1. 添加标题文字

在【工具】面板中单击【文本工具】按钮，然后单击【节目监视器】以创建文本框，输入文字

"Premiere Pro"。这时在序列上就会出现文本剪辑，如图 A05-38 所示。

图 A05-38

接下来，可以在【效果控件】中对文本的字体、大小、颜色等文字样式进行设置，如图 A05-39 所示。还可以单击【源文本】旁边的秒表，在不同的时间点上改变文字和样式，从而制作文字动画。

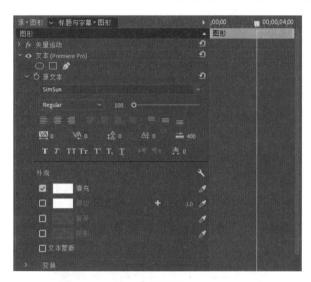

图 A05-39

在【外观】属性中打开【拾色器】窗口，可以选择【实底】【线性渐变】【径向渐变】三种填充方式，还有【描边】【背景】【阴影】等属性，选中复选框后会出现更多的参数设置，如图 A05-40 所示。

切换为图形工具，如【钢笔工具】【图形工具】【椭圆工具】，绘制图形并修改图形的【填充】【描边】等属性，制作标题文字，如图 A05-41 所示。

图 A05-40   图 A05-41

编辑好的文字可以直接保存为预设，在【效果控件】中同时选择文本与图形右击，在弹出的菜单中选择【保存预设】选项，在【保存预设】对话框中可以命名并添加描述，如图 A05-42 所示。

图 A05-42

保存后可以在【效果】面板的【预设】文件夹中看到保存的预设，使用时直接添加到文本剪辑上即可。

2. 使用基本图形面板

执行【窗口】-【基本图形】命令，打开【基本图形】面板，可以看到 Premiere Pro 本地储存的文字标题模板，如图 A05-43 所示，直接将文字标题模板拖曳到时间轴上，然后编辑文字即可使用。

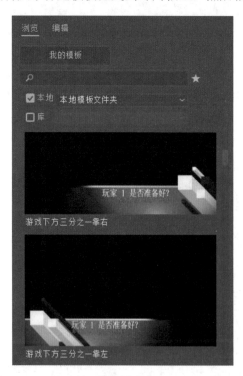

图 A05-43

除了使用本地的模板，还可以导入更多的文字标题模板。单击面板菜单图标，选择【管理更多文件夹】选项，弹出【管理更多文件夹】窗口，如图 A05-44 所示。在该窗口中单击【添加】按钮，导入存放有模板的文件夹，单击【确定】按钮就可以使用了。

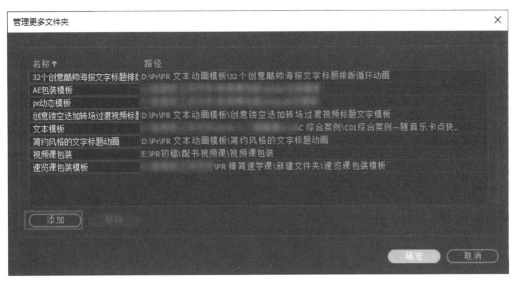

图 A05-44

切换到【编辑】选项卡，可以看到【响应式设计 - 时间】属性，如图 A05-45 所示，这里可以制作滚动字幕。

选中【滚动】复选框后，播放序列可以看到滚动字幕，如图 A05-46 所示。

图 A05-45

图 A05-46

下面简单介绍一下【滚动】选项的参数。

- 【启动屏幕外】：用于控制滚动的起始位置。选中状态下，字幕会从屏幕外滚入；取消选中后，字幕会在创建时的初始位置开始滚动。
- 【结束屏幕外】：用于控制滚动的结束位置。选中状态下，字幕会滚出屏幕之外；取消选中后，字幕滚动时会在出点突然消失。
- 【预卷】：设置第一个单词出现在屏幕上的时间间隔。
- 【过卷】：设置滚动结束后播放的时间。
- 【缓入】：设置字幕从屏幕外进入所需要的时长。
- 【缓出】：设置字幕从屏幕内滚出所需要的时长。

在【基本图形】面板中选择文本，可以看到【响应式设计 - 位置】属性，如图 A05-47 所示。

【响应式设计 - 位置】属性可以设置图层之间的父子级关系，如图 A05-48 所示。在选项栏中选择"形状 01"作为父级图层。单击后面的四条边中的任意一边，可以设置固定的位置，单击中间的圆角矩形可以选中全部边。

图 A05-47   图 A05-48

当固定了父级图层后，在制作动画时，绑定的子图层会跟随父级图层的动画而移动。

3. 添加视频字幕

Premiere Pro 支持添加和导入视频字幕。执行【窗口】-【文本】命令，打开【文本】面板，如图 A05-49 所示。单击【创建新字幕轨】按钮，创建字幕轨道。

在弹出的【新字幕轨道】对话框中选择字幕的格式，默认选择【字幕】，如果之前创建并保存了字幕样式，可以在【样式】中选择相应的字幕样式，如图 A05-50 所示。

图 A05-49   图 A05-50

单击面板中的【添加新字幕分段】按钮，面板中会出现可编辑的字幕，如图 A05-51 所示，在这里将光标移至字幕中间，单击【拆分】按钮，可以将字幕拆分为两个片段。

图 A05-51

选择多个字幕片段，单击【合并】按钮可以将片段合并为一个字幕，还可以在搜索栏中输入字幕来替换字幕内容。

字幕的样式可以在【基本图形】面板中进行调整。编辑好字幕后，单击面板右上角的按钮，可以将字幕导出为其他格式，如图 A05-52 所示。

此外，还可以直接导入说明性字幕，系统会自动将其排列在字幕轨道上，如图 A05-53 所示。

图 A05-52   图 A05-53

在【时间轴】面板中，字幕会显示在字幕轨道中，如图 A05-54 所示，可以像编辑视频一样对字幕进行修剪。

图 A05-54

4. 将音频转录为字幕

如果序列中已经存在语音，可以通过 Premiere Pro 的语音转录功能将语音转换为字幕，从而简化烦琐耗时的字幕编辑工作。按照以下步骤一键完成转录。

01 在【字幕】面板中单击【转录序列】按钮，在弹出的【创建转录文本】对话框中，选择要转录的语言，支持英语、简体中文、日语、俄语等多种语言，如果需要限定转录的范围，选中【仅转录从入点到出点】复选框，如图 A05-55 所示。设置好参数后，单击【转录】按钮。

图 A05-55

02 Premiere Pro 会根据当前序列的音频生成逐字稿，在逐字稿中，可以对错误的文字进行纠正。之后，只需单击【创建说明性字幕】按钮，对应的字幕就会出现在序列上。

总结

通过学习本课的内容，你将能够更自由地使用 Premiere Pro 进行编辑工作，并创作出更高水准的专业效果。

读书笔记

随着人工智能技术的日益成熟，应用领域也不断扩大。我们可以看到许多人工智能技术产品，例如，ChatGPT、Runway、D-ID、Midjourney 等人工智能工具，它们可以执行各种需要人类智能才能完成的复杂工作。在制作视频时，我们就可以利用这些人工智能工具生成文案、视频素材和封面等内容。我们可以基于生成的内容进行修改和微调，从而节省大量的制作时间，提高工作效率。

本课将介绍两款常用的人工智能工具：ChatGPT 和 Runway。

A06.1　使用 ChatGPT 生成文案

如果需要准备文案，我们可以使用人工智能工具（如 ChatGPT）来生成。ChatGPT 是 OpenAI 公司创建的一种由人工智能技术驱动的自然语言处理工具，可以理解和学习人类的语言。可以使用 ChatGPT 处理和生成自然语言文本，从而进行编写邮件、视频脚本、文案、翻译、代码等任务。此外，ChatGPT 还可以为人类提供更多的知识和信息，因为它可以从巨大的数据集中学习并理解自然语言文本。这使得 ChatGPT 成为一种强大的知识库和信息检索工具。

打开 ChatGPT，在页面左侧可以创建新的聊天并命名，也可以将不需要的聊天删除。

在页面左下角单击【配置】按钮，打开【配置】对话框，可以将语言设置为【简体中文】，也可以修改【名称】【主题】等其他参数，如图 A06-1 所示。

图 A06-1

关闭对话框后，在输入栏中输入文字，单击【发送】按钮，就可以与它对话了，如图 A06-2 所示。

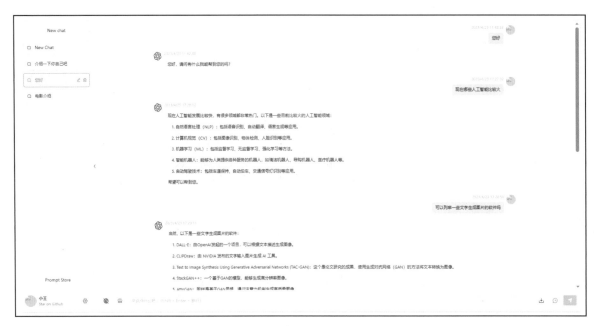

图 A06-2

A06.2 使用 Runway 处理后期

在 Runway 网站中有很多视频后期处理工具，例如，修复视频、扩展图像、视频慢动作和运动追踪等。还可以根据输入的文字内容生成视频或者图像。这使视频创作更自由，用户通过简单的文字叙述，就可以将脑海中的创意表达出来。打开 Runway 网站，界面如图 A06-3 所示。

图 A06-3

在界面左侧有【视频】【图像】【更多】功能区，如图 A06-4 所示。

图 A06-4

单击【生成视频】标签，可以看到界面中出现【视频到视频】【文本/图像到视频】【帧插值】。单击图标即可进入对应的工作界面，如果是初次使用这些功能，可以先查看下面准备好的使用教程，如图 A06-5 所示。

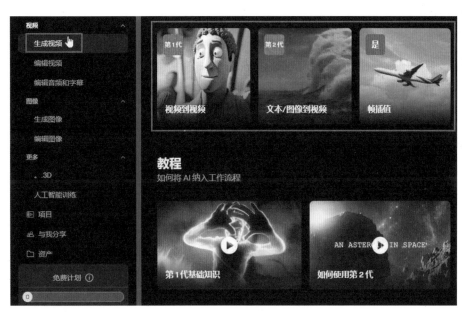

图 A06-5

单击【编辑视频】标签，可以看到【删除背景】【修复】等功能，如图 A06-6 所示。

图 A06-6

单击【编辑音频和字幕】标签，如图 A06-7 所示，可以看到关于音频和字幕的编辑操作。

图 A06-7

还有很多关于图像、人工智能训练与 3D 的功能，与本书关联不大，这里就不一一介绍了。

A06.3　实例练习——快速生成解说词

想要制作一个关于电影解说的短视频，但是没有解说词，可以使用 ChatGPT 生成解说词。

操作步骤：

01 打开 ChatGPT 后，单击【New Chat】按钮创建新的聊天，然后在界面底部输入栏中输入需求文字，如"可以介绍一下电影《终结者：黑暗命运》的故事背景、电影情节、人物角色、故事经过、转折、高潮、结尾等情节吗"，发送后 ChatGPT 就会给出答案，如图 A06-8 所示。

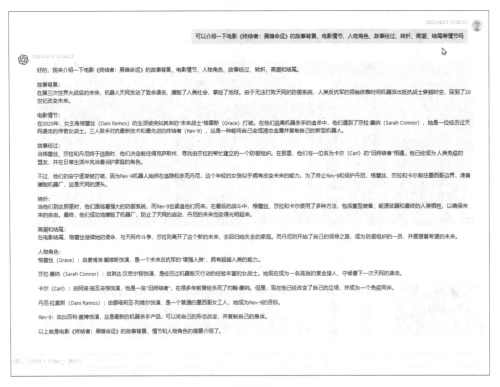

图 A06-8

02 继续输入问题，如"格蕾丝、沙拉和卡尔前往天网后又发生了什么"，在回复中，我们可以看到，人工智能不仅纠正了一个名称上的错误，还介绍了相关情节，几乎可以与我们进行正常的交流，如图 A06-9 所示。

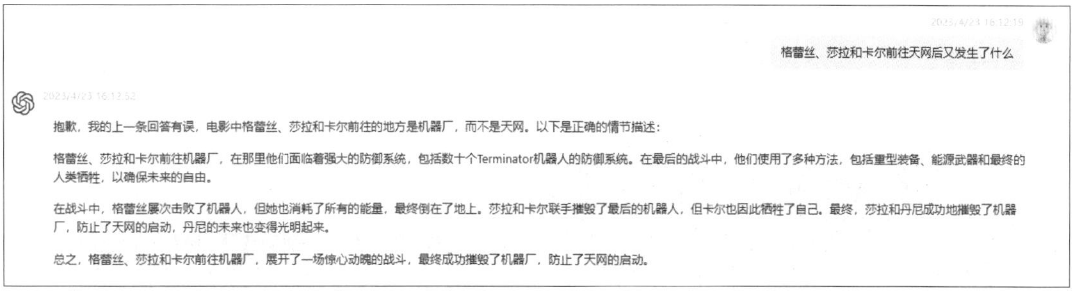

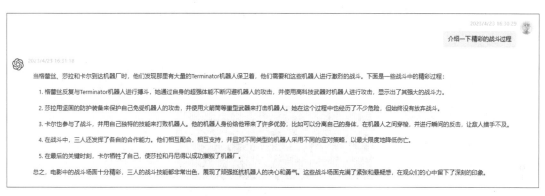

图 A06-9

03 如果对生成的文字不满意，还可以进行修改和调整。例如，我们还想要更加丰富的剧情介绍，那么可以再次输入指令，如"介绍一下精彩的战斗过程"，如图 A06-10 所示。ChatGPT 同样很好地满足了我们的需求。

图 A06-10

04 将 ChatGPT 生成的文案导入剪映中，生成语音，并与电影片段一同进行剪辑，这样就完成了一段电影解说词的制作。

同理，借助人工智能工具，我们还可以生成各种文案、文章、简介等内容。

A06.4　实例练习——生成数字人

在制作解说类短视频时，如果不想使用真人出镜，那么可以通过剪映生成数字人，数字人能够达到非常逼真的效果，本案例最终效果如图 A06-11 所示。

图 A06-11

操作步骤：

01 打开剪映专业版，首先打开【文本】素材库，如图 A06-12 所示，选择【默认文本】添加到轨道上。

02 选择时间线上的文本，然后在右侧【功能】面板中的文本框中输入文字，如图 A06-13 所示。

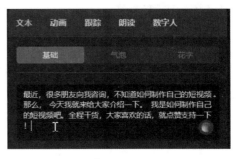

图 A06-12   图 A06-13

03 选择时间线上的文本右击，在弹出的菜单中选择【停用片段】选项，如图 A06-14 所示，这样文字就不会显示在播放器中。

图 A06-14

04 在【功能】面板中选择【数字人】功能区，这里可以看到很多准备好的数字人形象，单击【小赖 - 青春】按钮，如图 A06-15 所示，就可以看到【播放器】中出现的数字人，如图 A06-16 所示。

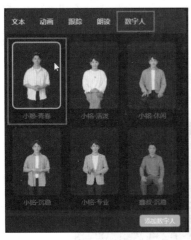

图 A06-15   图 A06-16

05 单击【添加数字人】按钮，界面会弹出"数字人音频生成中 ..."的弹窗，片刻后，时间线上就会出现生成的数字人片段，如图 A06-17 所示。

06 播放时间线，就可以预览数字人的效果了。还可以试试其他数字人的形象，单击当前片段，在【形象】选项卡中可以选择【小铭 - 活泼】，然后单击【确认】按钮，就可以切换数字人形象了，如图 A06-18 所示。

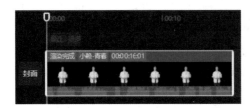

图 A06-17

图 A06-18

A06.5　实例练习——快速生成动画场景

在视频上添加风格化的效果，让原本普通的视频变得非常有趣，这种效果使用 Runway 就可以做到，本案例将制作一个动画场景，最终效果如图 A06-19 所示。

图 A06-19

操作步骤：

01 打开 Runway 网站后，单击【Gen-1:Video to Video】按钮，进入编辑界面，如图 A06-20 所示，然后单击中间的区域上传视频。

02 上传视频后，单击右侧的【Presets】按钮，可以看到一些默认的预设，如图 A06-21 所示。

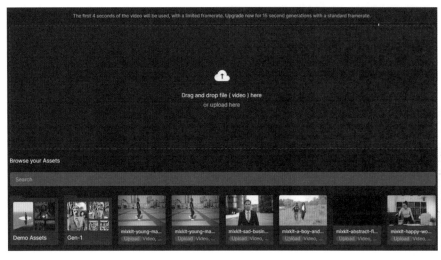

图 A06-20

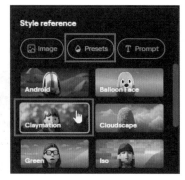

图 A06-21

03 选择【Watercolor】风格，调整风格的强度，一般会将该值设置得小一些，此处设置为 11%。然后单击【Generate】按钮，生成画面，效果如图 A06-22 所示。

04 单击视频右上角的【Download】按钮，如图 A06-23 所示，下载视频。

图 A06-22

图 A06-23

05 将处理后的视频导入剪映中，添加一些转场和特效，一个动画场景就制作完成了。

A06.6 实例练习——快速生成搞笑短视频文案

在制作短视频之前需要准备一个脚本，使用 ChatGPT 就可以快速生成详细的脚本。本案例将以社交恐惧症（社恐）为题生成一段搞笑短视频文案。

操作步骤：

01 打开 ChatGPT 后，输入"写一段关于妈妈给社恐女儿找相亲对象的搞笑短视频文案吧"指令并发送，稍等片刻，ChatGPT 给出了回复，如图 A06-24 所示。

02 如果对生成的文案不满意，可以在此基础上进行修改。例如，生成的文案中的对话部分内容较少。

因此继续对 ChatGPT 发出指令，输入"增加一些社恐女儿和张先生的对话，搞笑、尴尬"，得到的回复如图 A06-25 所示。

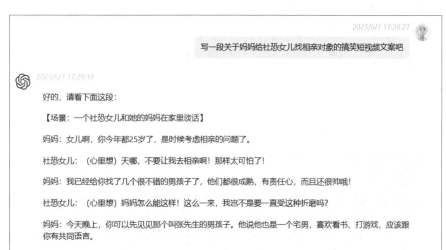

图 A06-24

图 A06-25

03 对生成的内容做适当的修改和整理，就可以当作视频的简单脚本了。

A06.7 实例练习——制作旅游短视频文案

本案例将制作一个关于湖南省景区旅游的短视频文案，可以借助 ChatGPT 来完成。

操作步骤：

01 将短视频的大致要求发送给 ChatGPT，让它生成一些提示词，与 ChatGPT 的对话如图 A06-26 所示。

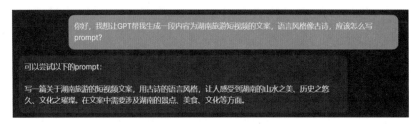

图 A06-26

02 复制这些提示词，也可以在此基础上进行一些修改，然后继续对话，将这些提示词发送给 ChatGPT，如图 A06-27 所示。

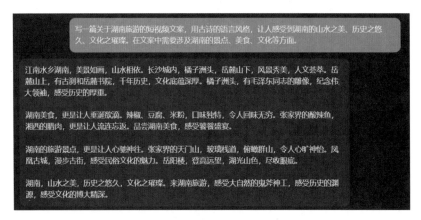

图 A06-27

03 可以看到，生成的内容太少，需要在此基础上丰富一下文字，使内容更详细，因此继续发送指令，如图 A06-28 所示。

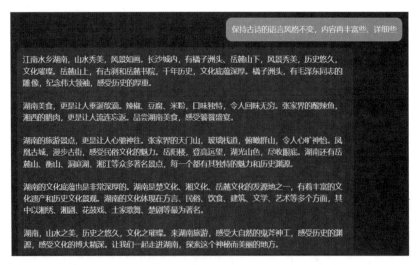

图 A06-28

04 生成文案后，感觉比较满意，因此继续给 ChatGPT 发送指令，要求它把文案转化为视频脚本，如图 A06-29 所示。

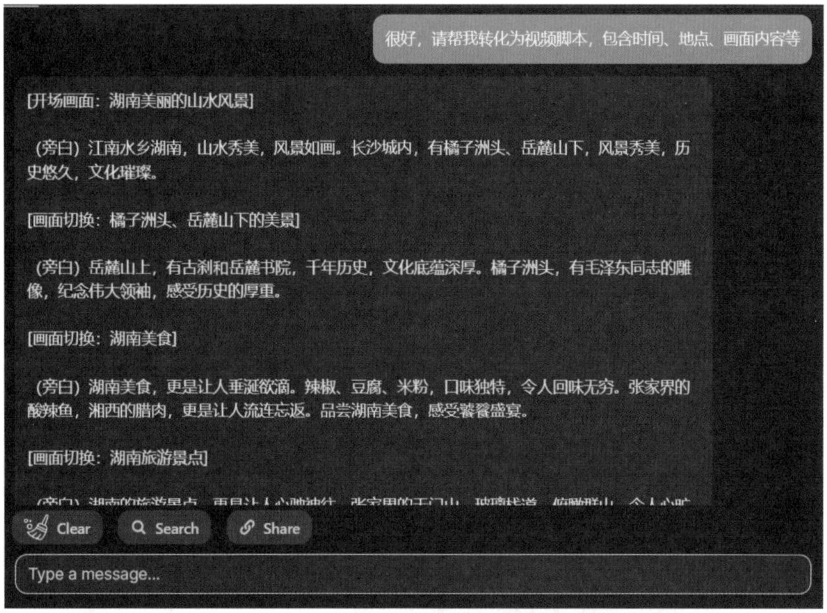

很好，请帮我转化为视频脚本，包含时间、地点、画面内容等

[开场画面：湖南美丽的山水风景]

（旁白）江南水乡湖南，山水秀美，风景如画。长沙城内，有橘子洲头、岳麓山下，风景秀美，历史悠久，文化璀璨。

[画面切换：橘子洲头、岳麓山下的美景]

（旁白）岳麓山上，有古刹和岳麓书院，千年历史，文化底蕴深厚。橘子洲头，有毛泽东同志的雕像，纪念伟大领袖，感受历史的厚重。

[画面切换：湖南美食]

（旁白）湖南美食，更是让人垂涎欲滴。辣椒、豆腐、米粉，口味独特，令人回味无穷。张家界的酸辣鱼，湘西的腊肉，更是让人流连忘返。品尝湖南美食，感受饕餮盛宴。

[画面切换：湖南旅游景点]

（旁白）湖南的旅游景点，更是让人神往，张家界的天门山，地质地貌，瑰丽壮观，令人心旷

图 A06-29

05 有了视频脚本，就可以准备实际的拍摄了，还可以继续与 ChatGPT 对话，让它根据视频脚本生成一个实际拍摄的计划表，如图 A06-30 所示。有了这样的计划表，拍摄的过程就更加轻松了。

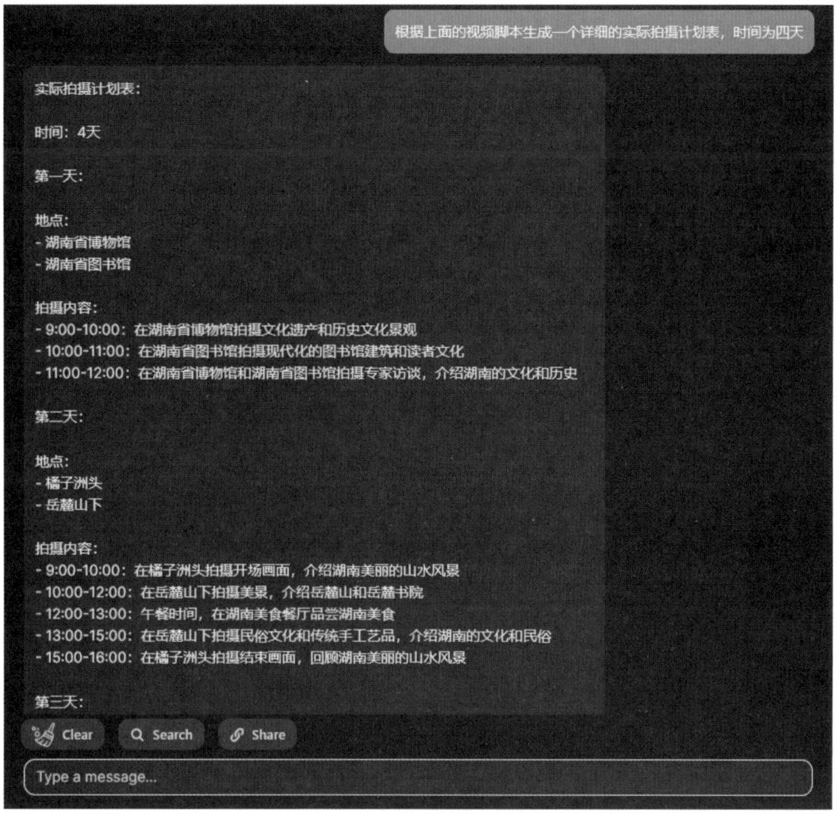

根据上面的视频脚本生成一个详细的实际拍摄计划表，时间为四天

实际拍摄计划表：

时间：4天

第一天：

地点：
- 湖南省博物馆
- 湖南省图书馆

拍摄内容：
- 9:00-10:00：在湖南省博物馆拍摄文化遗产和历史文化景观
- 10:00-11:00：在湖南省图书馆拍摄现代化的图书馆建筑和读者文化
- 11:00-12:00：在湖南省博物馆和湖南省图书馆拍摄专家访谈，介绍湖南的文化和历史

第二天：

地点：
- 橘子洲头
- 岳麓山下

拍摄内容：
- 9:00-10:00：在橘子洲头拍摄开场画面，介绍湖南美丽的山水风景
- 10:00-12:00：在岳麓山下拍摄美景，介绍岳麓山和岳麓书院
- 12:00-13:00：午餐时间，在湖南美食餐厅品尝湖南美食
- 13:00-15:00：在岳麓山下拍摄民俗文化和传统手工艺品，介绍湖南的文化和民俗
- 15:00-16:00：在橘子洲头拍摄结束画面，回顾湖南美丽的山水风景

第三天：

图 A06-30

第三天：

地点：
- 张家界天门山

拍摄内容：
- 9:00-11:00：在张家界天门山拍摄旅游景点，介绍天门山和玻璃栈道
- 11:00-12:00：在天门山拍摄专家访谈，介绍张家界的自然风光和旅游资源
- 12:00-13:00：午餐时间，在当地品尝张家界特色美食
- 13:00-15:00：在张家界国家森林公园拍摄自然风光和生态环境，介绍张家界的自然资源
- 15:00-16:00：在天门山拍摄结束画面，回顾张家界美丽的自然风光

第四天：

地点：
- 凤凰古城
- 岳阳楼

拍摄内容：
- 9:00-11:00：在凤凰古城拍摄古街和民俗文化，介绍凤凰古城的历史和文化
- 11:00-12:00：在凤凰古城拍摄专家访谈，介绍凤凰古城的文化和历史
- 12:00-13:00：午餐时间，在当地品尝湖南美食
- 13:00-15:00：在岳阳楼拍摄湖光山色，介绍岳阳楼的历史和文化
- 15:00-16:00：在岳阳楼拍摄结束画面，回顾湖南美丽的山水风景

备注：
- 拍摄过程中需要注意安全，特别是在天门山等高处景点
- 午餐时间需要提前预订餐厅，确保品尝湖南美食的品质和口感
- 拍摄需要准备好摄像机、三脚架、麦克风等设备，确保画面和声音的清晰度和稳定性

图 A06-30（续）

06 如果还想生成更多的内容，如关于当地的特色文化、景区等，都可以通过 ChatGPT 来实现，有了这些文案，就可以更快地完成视频创作了。

总结

在影视作品的制作过程中，对人工智能技术的使用非常频繁，它不仅能够为我们的创作提供灵感，实现用传统手段无法实现的效果，还能简化影视作品的制作流程，提高工作效率，因此读者要善于借助人工智能技术来辅助自己的创作工作。

 **读书笔记**

在 Premiere Pro 中，你可以使用效果来修复素材的不足，也可以为视频和音频添加不同的视觉和听觉效果。使用过渡效果可以使视频和音频之间的衔接更加流畅。

A07.1　使用视频效果与音频效果

Premiere Pro 中内置了许多视频效果和音频效果，这些效果可用于修复视频和音频问题，或者制作特效。这些效果可分为固定效果、基本效果、基于剪辑或基于轨道的效果以及效果增效工具。

固定效果是剪辑的固有属性，如【位置】【不透明度】【音量】【通道音量】等。

基本效果位于【效果】面板中，大部分视频效果和音频效果都属于基本效果，可以应用到剪辑上。

基于剪辑或基于轨道的效果是音频效果，在【音轨混合器】面板中可以找到。这些音频效果可以应用于剪辑或整个轨道。

效果增效工具是由第三方提供的插件，可以实现更丰富的效果。

1. 添加与删除效果

在【效果】面板中，可以看到【预设】【视频效果】【音频效果】等文件夹，如图 A07-1 所示。此外，还可以在搜索栏输入关键字查找对应的效果。

图 A07-1

添加效果的方法有两种，一种是添加到剪辑上，另一种是添加到源素材上。下面分别介绍这两种方法。

◆　添加到剪辑上

打开【视频效果】-【变换】文件夹，选择【垂直翻转】效果，将其拖动到剪辑上，或者直接在【项目】面板中双击效果，效果如图 A07-2 所示。添加效果后，在【效果控件】面板中可以看到添加的【垂直翻转】效果，如果想要删除效果，选择该效果并右击，在弹出的菜单中选择【清除】选项即可。

图 A07-2

◆　添加到源素材上

双击素材"沙滩"，在【源监视器】面板中打开，找到【黑白】效果并直接拖动到【源监视器】面板中，源素材上就会呈现黑白效果，如图 A07-3 所示。

图 A07-3

此时，将"沙滩"添加到序列上，它将带有【黑白】效果，如果序列上之前已经存在多个"沙滩"片段，那么它们都将受到【黑白】效果的影响。

若想删除应用到源素材上的效果，需要在【源监视器】面板中打开素材，然后打开【效果控件】面板，将该效果删除。

2．编辑效果参数

在【效果控件】面板中可以编辑效果的参数并制作关键帧动画，如图 A07-4 所示。

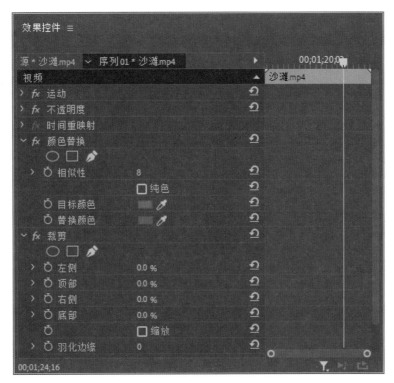

图 A07-4

　　应用的效果可以复制并粘贴到其他剪辑上，只需选择效果后右击，在弹出的菜单中选择【复制】【粘贴】选项即可。如果想暂时关闭效果，只需单击效果前面的【切换效果开关】按钮。

　　在序列中，剪辑上会显示不同颜色的【效果徽章】，用于表示应用到剪辑上的效果，效果徽章有五种类型，如图 A07-5 所示。

图 A07-5

　　灰色徽章：表示没有应用任何效果。

　　黄色徽章：表示仅修改了固定效果（如运动、不透明度、时间重映射等）。

　　紫色徽章：表示应用了视频效果，但没有修改固定效果。

　　绿色徽章：表示应用了视频效果并修改了固定效果。

　　带红色下画线徽章：表示在源素材上应用了视频效果。

3. 制作效果预设

　　在【效果】面板中，有许多 lumetri 预设可供使用。预设可以快速实现复杂的效果，节省时间并提高工作效率。此外，用户还可以创建自定义预设。

　　要创建预设，首先在【效果控件】面板中选择一个或者多个效果，然后单击【面板菜单图标】按钮，选择【存储预设】选项，或直接右击所选效果，在弹出的菜单中选择【保存预设】选项。这将打开【保存预设】对话框，如图 A07-6 所示。

图 A07-6

在对话框中，可以为预设命名并添加描述，预设的类型与关键帧设置有关。

以下是预设的几种类型。

◐【缩放】：根据源剪辑预设的关键帧，按比例缩放为目标的长度。目标剪辑上的所有关键帧将被删除。

◐【定位到入点】：保持从剪辑入点到第一个效果关键帧的距离。定位目标剪辑的入点位置，不进行任何缩放。

◐【定位到出点】：保持从剪辑出点到最后一个效果关键帧的距离。定位目标剪辑的出点位置，不进行任何缩放。

设置好预设类型后，单击【确定】按钮，在【效果】面板的【预设】文件夹中，就可以看到保存的预设了。

4. 使用调整图层

在 Premiere Pro 中，可以使用调整图层将效果同时应用到序列中的多个剪辑上。

首先，在【项目】面板中单击【新建项】按钮，选择【调整图层】选项，根据需要进行调整设置后，单击【确定】按钮，将调整图层添加到时间轴上。

在调整图层上添加效果后，如果修改调整图层的【位置】和【缩放】，就会发现调整图层画面外不会产生效果。

通过修改调整图层的【混合模式】，可以将混合模式应用到序列中的多个剪辑上。

需要注意的是，调整图层也具有【时间重映射】属性，但该属性实际上不起任何作用，也不会影响轨道下方的图层。

5. 使用【音轨混合器】

在 Premiere Pro 中，可以通过【音轨混合器】面板将音频效果应用于整个轨道。执行【窗口】-【音轨混合器】命令以打开【音轨混合器】面板，单击左上角的按钮以打开【显示/隐藏效果和发送】控件，然后单击下拉菜单可以添加音频效果，如图 A07-7 所示。

添加音频效果后，可以在效果上右击以修改部分参数，在弹出的菜单中选择【编辑】选项可以打开【轨道效果编辑器】窗口，在窗口中编辑完整参数，如图 A07-8 所示。

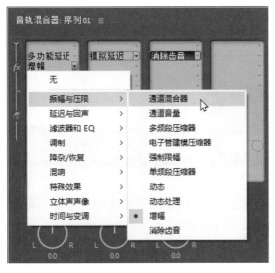

图 A07-7   图 A07-8

在同一轨道上移动效果可以改变音频效果的顺序，按住 Ctrl 键移动则可以复制音频效果。

在不同轨道之间移动效果可以复制音频效果，按住 Ctrl 键移动则可以剪切源轨道上的效果。

A07.2   使用视频过渡与音频过渡

过渡是指两个不同片段之间的切换方式。巧妙且自然的视频过渡可以让视频看起来更加流畅，给观众带来具有艺术效果的视觉体验。同样，音频过渡可以使音频之间的切换变得更加自然。

1. 添加与删除过渡

在【效果】面板中，打开【视频过渡】和【音频过渡】文件夹，可以看到多种类型的过渡，如图 A07-9 所示。

图 A07-9

从图 A07-9 中可以看到，音频过渡【恒定功率】带有蓝色边框，这表示它是默认的音频过渡。打开【视频过渡】-【溶解】文件夹，可以看到默认的视频过渡为【交叉溶解】。如果要将其他过渡设置为默认过渡，只需右击该过渡，然后在弹出的菜单中选择【将所选过渡设置为默认过渡】选项。

将"跳舞""天堂港"放到序列中，然后在它们之间添加视频过渡【交叉溶解】时，会出现"媒体不足。此过渡将包含重复的帧。"的提示，如图 A07-10 所示。

单击【确定】按钮后，会看到序列中的视频过渡上出现了斑马线，斑马线表示冻结帧，如图 A07-11所示。

图 A07-10   图 A07-11

这种情况的发生是因为两段视频都没有经过修剪，所以用于过渡的帧不足，将视频分别修剪 2 秒后再添加过渡，就不会再出现"媒体不足"的提示了。

在序列上选择多个片段后，按 Ctrl+D 快捷键，即可同时添加多个默认视频过渡，按 Ctrl+Shift+D 快捷键，可以同时添加多个音频过渡。

如果想要替换为其他的视频过渡，只需将新的视频过渡直接拖放到现有过渡上，就可以替换为新的过渡。

如果想要删除过渡，在序列上单击过渡，然后按 Delete 键即可。

2．编辑过渡参数

在 Premiere Pro 中，选择视频过渡后，可以在【效果控件】面板中编辑视频过渡的参数设置，如图 A07-12 所示。

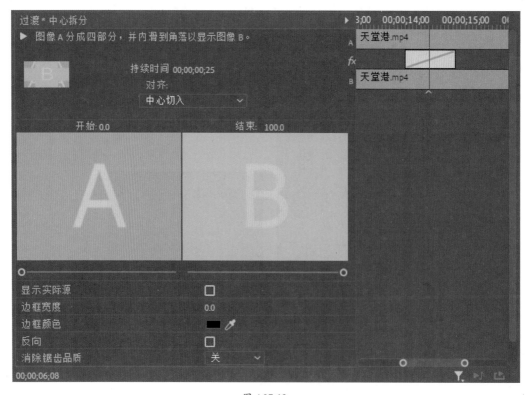

图 A07-12

⌐【持续时间】：可以设置过渡的持续时间，默认视频过渡的持续时间为 25 帧。

⌐【对齐】：可以修改过渡的切入方式，包括【中点切入】【起点切入】【终点切入】，如图 A07-13 所示。还可以使用鼠标在序列中移动过渡，这样过渡的对齐方式会变为【自定义起点】。

⌐【开始】【结束】：下方的滑动按钮可以控制过渡的完整性。也可以直接输入数值控制过渡的开始和结束位置，但是【开始】的数值永远小于【结束】的数值。

⌐【显示实际源】：选中该复选框后，在视图区域可以显示过渡的预览效果，如图 A07-14 所示。默认情况下，该复选框是未选中的。

图 A07-13

图 A07-14

⌐【边框宽度】：可以为过渡过程添加边框，类似于描边效果。数值越大，边框的宽度越大。

⌐【边框颜色】：可以单击颜色块来修改边框的颜色。

⌐【反向】：选中【反向】复选框，可以使过渡的方向与原来相反，相当于倒放过渡的效果。

⌐【消除锯齿品质】：当画面中包含精细的线条动画时，选中此复选框可以消除闪烁现象。

⌐【自定义】：对于一些特殊的过渡效果，如【翻转】【随机块】等，会有【自定义】按钮，可以对过渡效果进行更详细的调整。

对于某些过渡效果（如【推】和【立方体旋转】等），在【效果控件】面板的左上角会有一个缩览图，将光标移至四个三角形上，会显示"自东向西"或"自南向北"等提示，如图 A07-15 所示，单击该按钮可以修改过渡的方向。

图 A07-15

在序列上，可以直接复制过渡效果，然后粘贴到其他的剪辑上。选择序列上的任意过渡，按 Ctrl+C 快捷键进行复制，然后选择其他剪辑的编辑点，按 Ctrl+V 快捷键进行粘贴。在粘贴过程中，可以按 Shift 键多选几个编辑点，同时添加过渡效果。

在视频过渡中有一种特殊的过渡效果，即【Morph Cut】。在制作电视节目类访谈视频时，人物说话过程中可能会经常出现"嗯""啊"等口头语停顿。如果将这些词修剪掉，肯定会出现视频不连续的跳帧现象。使用【Morph Cut】就可以将视频之间的过渡变得流畅且自然。应用视频过渡后，Premiere Pro 将在后台进行分析，如图 A07-16 所示。

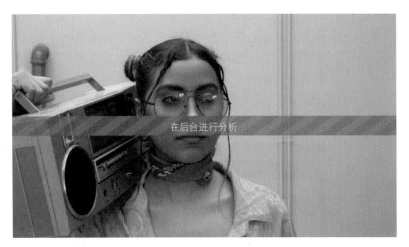

图 A07-16

在分析结束后，视频的过渡会变得非常流畅，看起来就像没有经过修剪一样，从而实现无缝衔接的效果。这样的过渡技巧可以大大提高视频质量，使观众在观看时获得更好的观感体验。

A07.3　实例练习——添加马赛克

在制作视频时，有时确实需要遮挡画面的某一部分，例如，涉及隐私或敏感信息的部分。在本案例中，我们将学习如何在 Premiere Pro 中添加马赛克效果，最终效果如图 A07-17 所示。

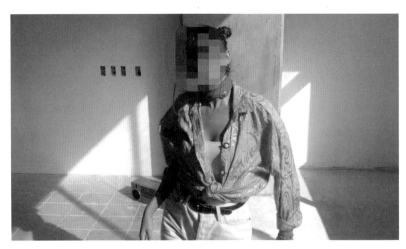

图 A07-17

操作步骤：

01 新建项目"添加马赛克"，将素材"时尚女孩"添加到项目中，并移动到时间轴上创建序列。

02 在【效果】面板中找到【马赛克】效果，将其拖放到"时尚女孩"视频片段上，这样整个画面都会被马赛克效果覆盖，为了调整马赛克的大小，我们需要在【效果控制】面板中设置【水平块】和【垂直块】的数值，将这两个参数都设置为 35，这将使马赛克变得更大，从而遮挡画面的细节，如图 A07-18 所示。

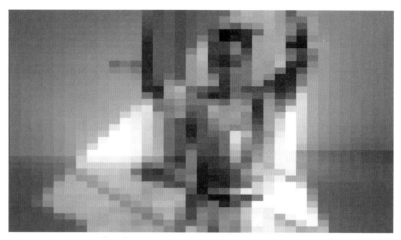

图 A07-18

03 这样做会导致整个画面都被马赛克覆盖。如果只需遮挡画面的某一部分，可以单击【创建椭圆形蒙版】按钮，然后在画面上调整遮罩的大小和位置，使其仅覆盖需要遮挡的部分，如图 A07-19 所示。

图 A07-19

04 为了让马赛克效果随着画面中的目标物体（如人脸）移动而自动跟踪，我们可以使用蒙版跟踪功能。单击蒙版的【向前跟踪所选蒙版】按钮，Premiere Pro 将开始自动跟踪目标物体，并在面板中生成关键帧，如图 A07-20 所示。

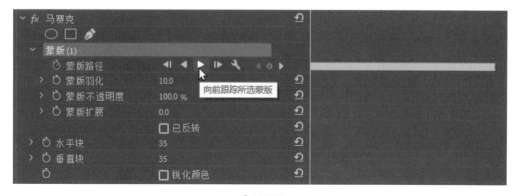

图 A07-20

05 等待跟踪过程结束后，在时间轴上播放序列，会发现马赛克效果已经自动贴合到人脸上，并随着人脸的移动而移动。这样，我们就实现了马赛克效果的自动跟踪功能。

A07.4　实例练习——视频动画转场

使用【轨道遮罩键】效果可以识别其他轨道的亮度通道或 Alpha 通道，配合一些特殊的素材可以制作非常漂亮的转场。本案例最终效果如图 A07-21 所示。

图 A07-21

操作步骤：

01 新建项目"视频动画转场"，导入视频素材与转场素材，将视频依次添加到序列上，如图 A07-22 所示。

图 A07-22

02 修剪"女孩"为 2 秒，将"转场（1）"添加到 V3 轨道，将"泳池"移动到 V2 轨道与"转场（1）"对齐，如图 A07-23 所示。

图 A07-23

03 选择"泳池"，添加效果【轨道遮罩键】，然后设置【遮罩】为【视频 3】，选择【合成方式】为【Alpha】，这样第一个视频转场就完成了，效果如图 A07-24 所示。

图 A07-24

04 开始制作第二个转场，修剪"泳池"的时间，将"转场（2）"添加到 V3 轨道，使其与"泳池"的出点对齐，如图 A07-25 所示。

图 A07-25

05 将"泳池"在两个转场之间切开，因为同一个【轨道遮罩键】效果不能完成转场效果，选择"泳池"后面的片段，修改【合成方式】为【亮度遮罩】，并选中【反向】复选框，效果如图 A07-26 所示。

图 A07-26

06 添加"转场（3）"到 V3 轨道，选择"篮球"放到 V2 轨道，使其与"转场（3）"对齐，如图 A07-27 所示。

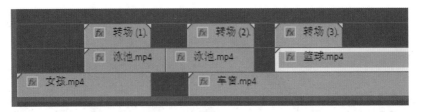

图 A07-27

07 选择"泳池",在【效果控件】面板中复制【轨道遮罩键】效果,然后选择"篮球",按 Ctrl+V 快捷键粘贴,这样最后一个转场也就制作完成了,效果如图 A07-28 所示。

图 A07-28

08 添加音乐"deep-urban"并修剪合适的片段,这样一个视频动画转场就制作完成了。

A07.5　实例练习——分屏效果

一个画面中要想展现多个镜头,使用分屏效果最合适。下面制作一个分屏效果的短视频,最终效果如图 A07-29 所示。

图 A07-29

操作步骤：

01 新建项目"分屏效果"，导入视频素材并移动到时间轴上创建序列，将"女孩"放到 V2 轨道 3 秒处，如图 A07-30 所示。

图 A07-30

02 选择"女孩"，添加效果【裁剪】，设置【擦除角度】为 103°，【过渡完成】为 48%，效果如图 A07-31 所示。

图 A07-31

03 在 5 秒处添加【过渡完成】关键帧，移动指针到 3 秒处，也就是视频开始时修改【过渡完成】为 80%，制作"女孩"渐渐出现的动画。

04 在"女孩"上添加效果【油漆桶】，用来制作一层描边。设置【填充选择器】为【Alpha 通道】，在【描边】下拉菜单中选择【描边】选项，设置【描边宽度】为 10，【颜色】为黑色，效果如图 A07-32 所示。

图 A07-32

05 按照相同方法将"特殊妆容"放在 V3 轨道，添加【裁剪】效果，设置【过渡完成】为 22%，【擦除角度】为 -97°，如图 A07-33 所示。

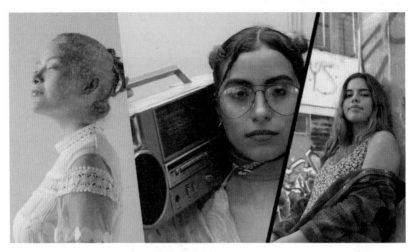

图 A07-33

06 在 5 秒处添加【过渡完成】关键帧，移动指针到 3 秒处，修改【过渡完成】为 55%，制作渐渐出现的动画。

07 选择"女孩"，复制【油漆桶】效果，粘贴在视频"特殊妆容"上，最终效果如图 A07-29 所示。最后添加背景音乐"Beau Walker - Waves"，这样一个分屏效果就制作完成了。

A07.6 实例练习——拉丝转场

丝滑的转场可以让视频更精彩，拉丝转场就是一个例子。接下来使用效果和调整图层，制作拉丝转场，最终效果如图 A07-34 所示。

图 A07-34

操作步骤：

01 新建项目"拉丝转场"，导入视频素材，分别将视频素材修剪为 3 秒左右，如图 A07-35 所示。

图 A07-35

02 单击【新建项】按钮，选择【调整图层】选项，将调整图层修剪为 1 秒左右，放到 V2 轨道视频之间的间隙处，如图 A07-36 所示。

图 A07-36

03 在调整图层上添加效果【复制】并设置【计数】为 3，这样画面就被复制为 9 个重复的画面，效果如图 A07-37 所示。

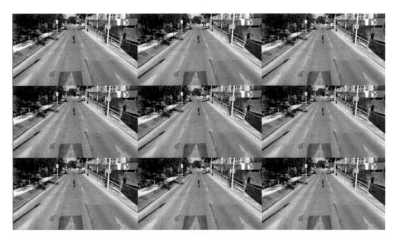

图 A07-37

04 添加调整图层到 V3 轨道，持续时间与 V2 轨道上调整图层的持续时间相同。

05 添加效果【变换】，设置【缩放】为 300，【快门角度】为 60，在调整图层的入点、出点激活【位置】关键帧，制作从右向左的关键帧动画，并调整关键帧曲线，如图 A07-38 所示。

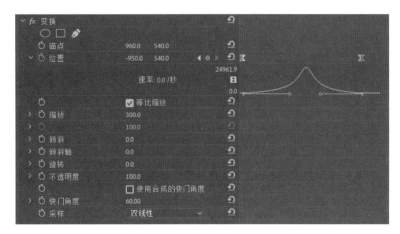

图 A07-38

06 播放序列查看效果，这样第一个位移的转场就制作完成了，效果如图 A07-39 所示。

图 A07-39

07 使用相同的方法制作第二个转场。在 V3 轨道添加调整图层并修剪时长为 1 秒左右，添加【变换】效果，调整各属性值并制作【旋转】关键帧动画，如图 A07-40 所示。

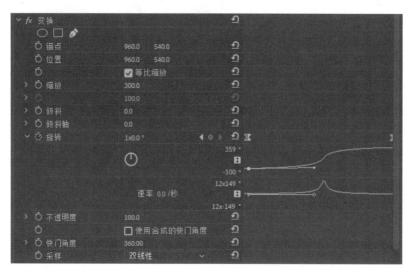

图 A07-40

08 这样第二个转场就制作完成了，播放序列查看拉丝转场效果。

A07.7　作业练习——故障毛刺转场

故障风格的转场非常酷炫，可以使用 Premiere Pro 制作。利用所学知识制作这个案例，本作业完成效果如图 A07-41 所示。

作业思路：

新建项目并导入素材，在两个视频之间添加视频过渡【叠加溶解】，然后新建调整图层，添加效果【湍流置换】【变换】，分别在效果上添加蒙版，制作故障毛刺的效果。接着添加效果【偏移】，制作关键帧动画，实现画面抖动效果。最后添加杂色素材并调整图层的【混合模式】。播放一下，一个故障毛刺转场就制作完成了。

图 A07-41

A07.8　作业练习——形状拼贴图文相册

在 Premiere Pro 中使用多个蒙版，可以完成更加丰富的转场动画，配合文字、音乐就可以制作一个图文相册了，本作业完成效果如图 A07-42 所示。

图 A07-42

作业思路：

新建项目并导入素材，分别为图片制作位置或缩放关键帧动画，然后将图片复制多层，选择图片副本，添加矩形、圆形或三角形的蒙版。然后选择图片副本，在入点处添加【交叉缩放】或【立方体旋转】视频过渡，制作图片的入场效果。最后添加背景音乐与文字动画，这样一个图文相册就制作完成了。

总结

学完本课能够了解 Premiere Pro 中各种效果与过渡，了解它们的作用以及如何使用它们。

Premiere Pro 提供了专业质量的颜色分级和颜色校正，色彩的调节不仅可以修复视频素材的曝光、偏色问题，还可以使视频更加明亮、具有风格。

切换到【颜色】工作区，可以看到专门用于调色的两大面板，分别为【Lumetri 范围】面板和【Lumetri 颜色】面板，本节课就来介绍一下 Premiere Pro 在调色方面的强大功能。

A08.1　认识颜色的基本要素

人们能看见颜色是因为光线进入眼睛后，经过视网膜上细胞的感应和识别，产生不同程度的反应，大脑综合这些反应来识别颜色。通常我们将光的三原色分为红、绿、蓝。其他颜色是由红、绿、蓝三原色按照不同的比例混合而成的。

例如，红色光与绿色光混合，会产生黄色的光。红色光与蓝色光混合，会产生紫色光。蓝色光与绿色光混合，会产生青色光，如图 A08-1 所示。

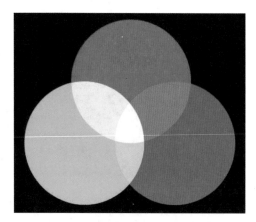

图 A08-1

我们日常看到的太阳光并不是单纯的白色，而是由多种波长的光组成的。当它通过三棱镜或在雨滴中发生折射时，不同波长的光会以不同的角度折射，从而将光分解成七种颜色，形成彩虹或光谱。这七种颜色分别是红（赤）、橙、黄、绿、蓝（靛）、青、紫。这种现象称为色散。下面简单介绍一下颜色的基本要素。

1. 颜色的三要素

颜色的三要素是指色相、饱和度、明度，如图 A08-2 所示。

- 色相：色相是由波长决定的，波长不同的光就会产生不同的色相。通常将色相解释为色彩的品相，如红色的火焰与黄色的沙漠，分别代表了不同的颜色，如图 A08-3 所示，在色相环中又可以根据颜色的相邻角度将颜色分类。相邻 15° 范围内的颜色为同类色；相邻 45° 范围内的颜色为邻近色；相邻 135° 的颜色为对比色；相邻 180° 的颜色为互补色。

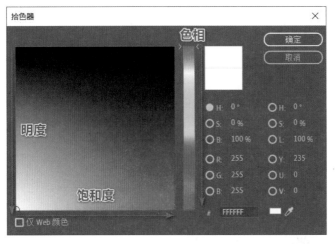

图 A08-2   图 A08-3

● 饱和度：用来指色彩的鲜艳程度或者纯度。如图 A08-4 所示，饱和度越低，颜色越浅，饱和度为零时，颜色就变成了灰色。

图 A08-4

● 明度：指颜色的明亮程度。明度越高，颜色越亮；明度越低，颜色越暗。光源的亮度与物体表面的反射系数都可以影响颜色的明度。

2. 颜色模式

在 Premiere Pro 中，用户可以根据自己的需求和习惯选择不同的颜色模式。颜色模式分为 HSB、HSL、RGB、YUV。

默认的颜色模式为 HSB，也就是使用颜色的三要素来定义颜色。这种颜色模式使用色相环来表示颜色，是一种直观的表示方式。HSB 模式适合在调整颜色时使用，因为它符合人类视觉的直观感受。

● HSL 色彩模式：HSL 代表色相（hue）、饱和度（saturation）和亮度（lightness）。与 HSB 类似，HSL 也使用色相环来表示颜色，但亮度和饱和度的计算方式不同。HSL 模式在图像处理中更加灵活，尤其是在调整图像的明暗和对比度时。

● RGB 色彩模式：又称加色模式，由红、绿、蓝三种颜色组成，使用这三种颜色能够混合出自然界中所有的颜色。因为这种颜色模式属于发光的色彩模式，所以显示屏上最常见的就是这种色彩模式。

● YUV色彩模式：YUV是一种颜色空间，主要用于视频信号处理。其中Y表示亮度（luma），U和V表示色度（chroma）。YUV模式将亮度信息和色度信息分离，有利于视频信号的压缩和传输。在视频编辑中，使用YUV模式可以更好地保证图像质量，减少失真。

还有一种颜色模式是CMYK色彩模式，又称减色模式，即从白色纸张上减去不需要的颜色，留下需要的颜色，如图A08-5所示。这种模式的原理是通过混合青色（cyan）、洋红色（magenta）、黄色（yellow）和黑色（black）这四种颜色的不同比例来产生各种颜色。在印刷过程中，这四种颜色的油墨会按照一定的顺序分别印在纸张上，通过反射光的作用，使人眼看到各种颜色，而白色则表示没有添加任何颜色。

图 A08-5

3. 颜色的功能

颜色不仅能使画面多彩鲜艳，更具表现力，还能够传达一种情感和氛围，不同的颜色和色彩搭配可以引发人们不同的情感反应，如温暖、舒适、激情、忧郁等。通过色彩的把握，可以使画面更具感染力。

色彩的调节可以形成一种风格和情调，可以表现画面的主题和内涵。通过色彩的象征意义，可以传达画面的主题思想。比如红色可以代表火焰、热情、危险；蓝色代表大海、阴郁、冷静；绿色代表生命、希望等。

颜色根据色温还可以分为暖色调与冷色调，颜色可以调和画面的整体效果。通过色彩的搭配和调整，可以使画面更加和谐统一。

总之，颜色是艺术创作中不可或缺的元素，通过对颜色的运用和把握，可以使画面更加丰富多彩，具有更强烈的表现力。

A08.2 使用调色效果

现实生活中，使用相机捕捉的素材可能由于各种原因出现偏色、饱和度低、曝光等问题，这就需要我们后期对素材进行调色处理。

在【效果】面板中有很多可以调整颜色的效果，打开【颜色校正】文件夹可以看到相关选项，如图A08-6所示。

图 A08-6

将效果应用到剪辑上后，可以看到关于调色的参数。可以使用【取色器】吸取画面中的颜色，并调整颜色的亮度、饱和度、色相等。此外，还可以将源剪辑的颜色替换为另一种颜色，或者将颜色变为黑白等。

A08.3　使用【Lumetri 颜色】面板

打开项目"A08 课 调整视频颜色"，移动时间轴的指针，会发现序列上的剪辑被自动选择，这是因为打开【Lumetri 颜色】面板后，Premiere Pro 会启动【自动跟随播放指示器】的功能，保证调整视频颜色时选中对应的剪辑并显示调色效果。

在【Lumetri 颜色】面板中调整参数，剪辑上会自动添加【Lumetri 颜色】效果，在【效果控件】面板中可以看到对应的参数。参数选项分为六组，如图 A08-7 所示。

在下拉菜单中可以添加多个【Lumetri 颜色】效果并重命名，随时切换效果并做调整，如图 A08-8 所示。

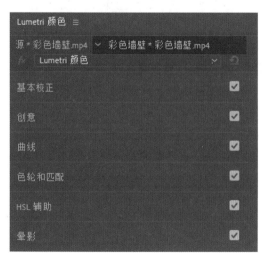

图 A08-7

图 A08-8

在每个选项卡中都有一个复选框，可以取消选中复选框，用来关闭该组效果，对比前后的区别。

1. 基本校正

选中【基本校正】复选框可以对视频的颜色进行快速处理，如图 A08-9 所示。

在这里可以应用 Premiere Pro 的 LUT 预设，或者导入准备好的 LUT 文件，然后根据 LUT 效果继续调整白平衡、色调的参数。

对于没有调色经验的新手，可以使用这里的自动颜色处理功能，单击【自动】按钮，软件将对颜色进行智能处理，快速调整画面的色调。

2. 创意

选中【创意】复选框，可以在剪辑上添加 Look，实现一些创意效果，如图 A08-10 所示。

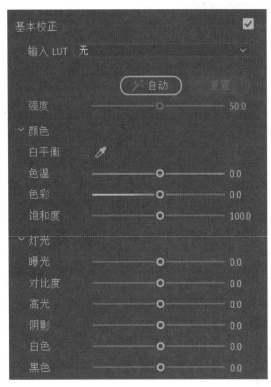

图 A08-9

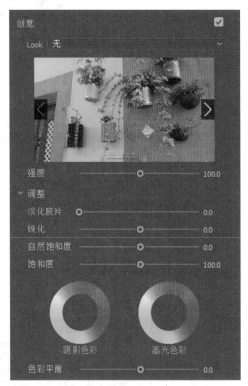

图 A08-10

单击【输入 LUT】下拉菜单按钮可以看到，这里保存了很多具有创意的 Look 预设，也可以在视图窗口中单击左右箭头，切换不同的 Look 预设，单击视图可以应用 Look 预设。

应用预设后可以调整【强度】数值，控制效果的强度，在下面的参数中对 Look 预设进行微调。

3. 曲线

选中【曲线】复选框，可以使用曲线来调整整体画面的亮度和对比度，还可以修改和控制指定范围内像素的色相和亮度，如图 A08-11 所示。

首先会看到 RGB 曲线，它用于控制整体画面的亮度与对比度，或者控制 R、G、B 通道的亮度与对比度。可以直接在曲线上单击，曲线上会出现控制点，移动这些控制点来调整曲线。按住 Alt 键并单击曲线上的点，可以删除控制点，双击曲线图可以将曲线恢复到原始状态。

下面还有【色相饱和度曲线】选项，如图 A08-12 所示。展开【色相饱和度曲线】选项，可以看到更多的曲线类型，包括【色相与饱和度】【色相与色相】【色相与亮度】等，这些曲线可以对指定范围的像素进行修改，这个范围可以基于色相、亮度、饱和度等因素进行设定。

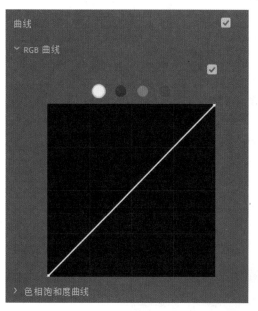

图 A08-11

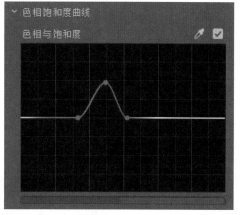

图 A08-12

4. 色轮和匹配

选中【色轮和匹配】复选框，如图 A08-13 所示，使用色轮可以对画面的阴影、高光和中间调区域进行调整。

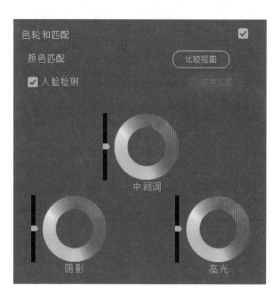

图 A08-13

单击【比较视图】按钮，在【节目监视器】面板中会打开【比较视图】视图，如图 A08-14 所示，可以将序列上不同时间的色调统一。

A

基础篇

基本概念 基础操作

图 A08-14

左侧的【参考】视图用来预览序列上不同的时间段，右侧的【当前】视图是序列上当前指针所在的位置。单击【应用匹配】按钮即可将当前视图统一色调，下面的色轮及滑块会自动变化，如图 A08-15 所示。

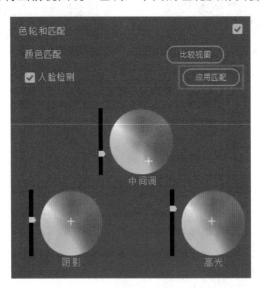

图 A08-15

空心的色轮表示未做任何调整，单击色轮，色轮变为实心，可以调整【阴影】【高光】或【中间调】的颜色。拖动旁边的滑块来控制颜色的亮度，双击色轮可以将色轮恢复为原始状态。

5．HSL 辅助

选中【HSL 辅助】复选框，如图 A08-16 所示，这个选项用于调整指定区域像素的颜色、亮度等属性。

展开【键】选项，在这里可以使用后面的【取色器】吸取画面中的颜色。按住 Ctrl 键时，可以使【取色器】变大，扩大吸取的范围。然后可以使用带有"加号"或"减号"的取色器调整选区的像素。吸取颜色后，下方的 H、S、L 直线上会显示取色的范围，如图 A08-17 所示。

可以拖动滑块调整取色的范围，移动顶部的三角形控制取色的范围大小，移动底部的三角形可以使选区边缘更加平滑。

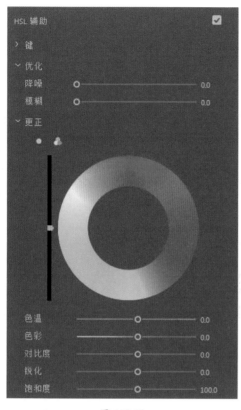

图 A08-16

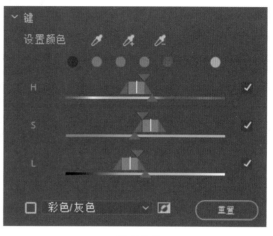

图 A08-17

选中【彩色 / 灰色】复选框，可以在【节目监视器】面板中查看选区的范围，灰色区域表示未选择区域，如图 A08-18 所示。还可以切换为【彩色 / 黑色】【白色 / 黑色】的显示模式。

确定选区范围后开始调整【优化】参数，通过调整【降噪】参数可以减少选区中的杂色，使颜色过渡更加平滑自然。而通过调整【模糊】参数可以柔化选区的边缘。

最后，在【更正】选项中可以进行颜色和对比度的调节。默认情况下，显示的是中间调色轮。如果要切换为三向色轮，只需单击色轮左上方的图标即可，如图 A08-19 所示。

图 A08-18

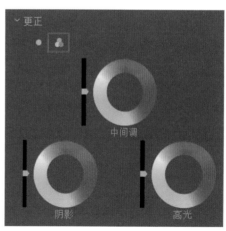

图 A08-19

6. 晕影

选中【晕影】复选框，如图 A08-20 所示，在这里可以创建高质量的阴影或亮斑，以突出画面的中心内容，增加镜头的故事感。

所创建的晕影效果简单且可调节，效果如图 A08-21 所示。

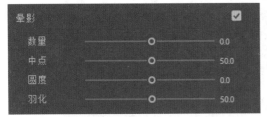

图 A08-20   图 A08-21

A08.4 使用【Lumetri 范围】面板

【Lumetri 范围】面板用于监测和评估颜色校正的结果。在调色的过程中，仅依靠人眼的识别无法保证调色的准确性，因为显示器或者环境的因素可能会影响颜色的显示。通过使用【Lumetri 范围】面板，我们能够以客观的角度进行准确的颜色校正工作。

在【Lumetri 范围】面板处右击，或者单击面板右下角的【设置】按钮，可以切换显示的范围，如图 A08-22 所示。

在【Lumetri 范围】面板中右击，在弹出的菜单中选择【预设】选项。如图 A08-23 所示，可以选择单个或者多个颜色范围同时显示的方式。

矢量示波器 YUV	自定义
✓ 直方图	矢量示波器 YUV
分量 (RGB)	分量 RGB
波形 (RGB)	波形 RGB
预设 ＞	• 直方图
分量类型 ＞	分量/波形 RGB
波形类型 ＞	分量 RGB/波形 YC
色彩空间 ＞	矢量示波器 YUV/分量 RGB/波形 YC
亮度 ＞	矢量示波器 YUV/分量 YUV/波形 YC
	Premiere 4 Scope YUV (浮点、未固定)
	Speedgrade 4 Scope Luma/RGB (601 SD)
	所有范围 RGB
	所有范围 YUV/YC

图 A08-22   图 A08-23

1. 波形

【波形】显示的是当前图像所有像素的明暗关系信息，如图 A08-24 所示。

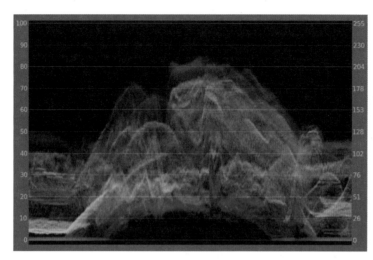

图 A08-24

在【波形】图左侧，1 ～ 100 表示像素的亮度，而右侧的 0 ～ 255 表示颜色的强度，可以通过在面板中右击来切换不同的波形类型。

- 【RGB】：显示 R、G、B 颜色通道的信号级别。
- 【亮度】：显示像素的 IRE 值，范围从 -20 到 120。这个波形可以有效地分析镜头的亮度并测量对比度比率。
- 【YC】：绿色显示图像的明亮度，蓝色显示图像的色度。
- 【YC 无色度】：只显示图像的明亮度，不显示色度。

2. 矢量示波器 YUV

在【矢量示波器 YUV】中有多个颜色框，显示颜色的色相和饱和度信息，如图 A08-25 所示。图像的颜色饱和度越高，越靠近图表的边缘。相反，饱和度越低，颜色框就越靠近中心。

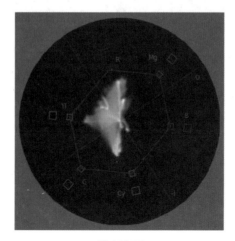

图 A08-25

图表中有 6 种颜色框，分别为 R（红）、G（绿）、B（蓝）、Yl（黄）、Cy（青）、Mg（洋红）。每种颜色框包含一个大框和一个小框，其中大框表示 100% 饱和度，小框表示 75% 饱和度。

图表中由内框连接起来的区域被称为饱和度安全区域。如果颜色超出该区域，一些设备可能无法完整、正确地显示该区域的色彩。此外，示波器中还有两条交叉线，分别是 "-i" 线和 "Q" 线。"i" 线代表 In-phase，其颜色从橙色到青色变化；而 "Q" 线代表 Quadrature-phase，其颜色从紫色到黄绿色变化。

3．分量

【分量】显示数字信号中的明亮度和色差通道级别的波形，如图 A08-26 所示。通过单独显示不同分量的波形，可以轻松地找出图像中的偏色。

在图表中右击，在弹出的菜单中选择【分量类型】选项，可以将显示方式切换为【RGB】【YUV】【RGB- 白色】【YUV- 白色】四种类型。

以下是不同分量类型的说明。

【RGB】显示红、绿、蓝通道的明亮度和颜色级别关系。

【YUV】显示 YUV 颜色模式下的明亮度和颜色级别关系。

【RGB- 白色】以灰度图的方式显示 RGB 分量。

【YUV- 白色】以灰度图的方式显示 YUV 分量。

4．直方图

【直方图】显示的是画面中每种颜色等级的像素密度信息，用来观察阴影、中间调、高光区域的色调等级，如图 A08-27 所示。直方图的顶部显示亮度的最高值，底部显示亮度的最低值。图像的亮度越高，顶部区域的数值越大。

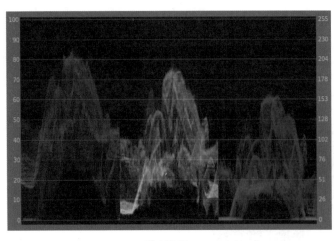

图 A08-26

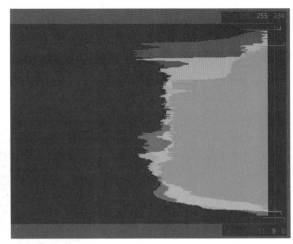

图 A08-27

A08.5　实例练习——调整黑金色调

使用 Premiere Pro 的调色功能，将画面调整为黑金色调风格，调整前后效果如图 A08-28 所示。

图 A08-28

操作步骤：

01 新建项目"调整黑金色调"，导入素材"城市夜景"，黑金色调的特点就是画面中黄色以外的颜色饱和度很低，画面中只有黑色与黄色。

02 打开【Lumetri 颜色】面板，设置【色温】为 27.3，将画面调整为偏暖色，效果如图 A08-29 所示。

图 A08-29

03 分别设置【对比度】为 35，【高光】为 12.5，【阴影】为 -16，让画面中的明暗度更清晰，效果如图 A08-30 所示。

175

图 A08-30

04 展开【RGB 曲线】选项，分别调整各种颜色通道的曲线，如图 A08-31 所示。增加画面亮度与对比度，降低蓝色通道的亮度，效果如图 A08-32 所示，这样黑金色调就设置出来了。

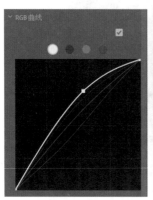

图 A08-31

图 A08-32

A08.6　实例练习——快速调整画面颜色

原视频素材的整体颜色有很大问题，使用【Lumetri 颜色】面板调整画面颜色，调整前后的效果如图 A08-33 所示。

图 A08-33

图 A08-33（续）

操作步骤：

01 新建项目"快速调整画面颜色"，导入素材"自行车"。通过观察视频可以发现整体画面非常模糊，对比度、曝光都很低，如图 A08-34 所示。

图 A08-34

02 为了使调色前后对比明显，复制视频到 V2 轨道，添加视频过渡【线性擦除】，并设置【过渡完成】为 50%，下面对 V2 轨道的视频进行调色。

03 打开【Lumetri 颜色】面板，选中【基本校正】复选框。单击【自动】按钮，对画面进行快速调色，调整后对比还不是很明显，如图 A08-35 所示。

图 A08-35

04 调整【曝光】【对比度】等参数，增加画面的亮度、对比度，如图 A08-36 所示。调色效果如图 A08-37 所示。

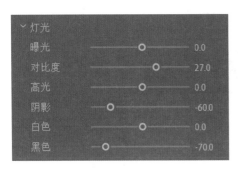

图 A08-36   图 A08-37

05 展开【RGB 曲线】选项，调整曲线，如图 A08-38 所示。增加画面亮度并进一步增加对比度，效果如图 A08-39 所示。

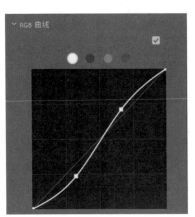

图 A08-38   图 A08-39

06 播放视频查看调色效果，可以看到视频右侧部分调色后的画面明亮清晰、颜色饱和。

A08.7   实例练习——回忆风格调色

有时需要将视频调整为复古的回忆风格色调。打开【Lumetri 颜色】面板，调整前后效果如图 A08-40 所示。

操作步骤：

01 新建项目"回忆风格调色"，导入素材"看书"，回忆风格画面的特点就是颜色偏暗，整体感觉偏黄、朦胧。

02 打开【Lumetri 颜色】面板，选中【基本校正】复选框，设置【色温】为24，将画面调整为偏黄色，设置【阴影】为-100，【白色】为100，使画面明暗度更加明显，效果如图 A08-41 所示。

图 A08-40

图 A08-41

03 打开【创意】选项，添加 Look，在下拉菜单中选择【SL CLEAN FUJI C】选项，然后设置【锐化】为 -80，使画面稍微模糊些，效果如图 A08-42 所示。

04 选中并展开【晕影】选项卡，设置【数量】为 -2.6，【中点】为 30，【羽化】为 30，增加画面的故事感，效果如图 A08-43 所示。这样回忆风格效果就制作完成了。

图 A08-42

图 A08-43

A08.8　作业练习——清晨到傍晚

使用 Premiere Pro 的调色功能，可以将视频的清晨色调调整为傍晚的色调，本作业完成效果如图 A08-44 所示。

调色前

图 A08-44

调色后

图 A08-44（续）

作业思路：

打开 Premiere Pro 导入视频素材，添加调整图层到视频轨道上方；在【Lumetri 颜色】面板中选中【基本校正】复选框，调整色调；在【创意】选项中添加 Look 并调整强度；最后调整【曲线】将画面亮度对比度降低。

A08.9　作业练习——人像调色

在【Lumetri 颜色】面板中，可以将视频颜色调整得更具表现力，本作业完成效果如图 A08-45 所示。

调色前

图 A08-45

调色后

图 A08-45（续）

作业思路：

打开 Premiere Pro 导入视频素材，添加调整图层到视频轨道上方；在【Lumetri 颜色】面板中选中【基本校正】复选框，调整色彩为偏洋红色，然后调整【色彩】等参数；最后调整【曲线】，微调画面色调。

总结

调色是影视制作中必不可少的重要环节，就像演员上台表演必须化妆一样。调色可以使视频营造出不同的氛围，使画面更具风格。

 读书笔记

B 实战篇

综合案例 实战演练

本篇将综合前面所学的所有知识，讲解更多复杂的操作，以提升读者的视频制作水平。在学习的过程中要注重实用功能，使制作的视频出彩、有亮点、有特色，能够吸引观众。

本节课将通过案例介绍剪映的文本功能，以及文字转语音功能。

B01.1　综合案例——为搞笑视频配音

小森的公司拍摄了一段关于员工日常生活的视频，想让视频风格变得搞笑一些，因为视频没有声音，小森使用文字的【朗读】功能为视频配音，并且添加了特效，使视频变得生动活泼又有趣。

本案例的最终效果如图 B01-1 所示。

图 B01-1

制作思路：

01 将文本编辑好放在轨道中，使用朗读功能生成语音。

02 根据文字内容为脸部添加贴纸、特效。

03 根据画面效果添加对应的音效。

操作步骤：

01 打开剪映专业版，导入视频素材"自拍的男人"，因为视频播放速度比较慢，在【功能】面板中打开【变速】功能区，修改【常规变速】选项卡中的【倍数】为 2.4x，加快视频播放速度，然后复制两份副本，如图 B01-2 所示。

图 B01-2

02 打开【文本】素材库，添加【默认文本】并输入文字。选择【时间线】上的文本，在【功能】面板中打开【朗读】功能区，单击【东北老铁】按钮，试听语音内容，如果效果比较满意，单击【开始朗读】按钮，如图 B01-3 所示，这时在时间线上就会生成对应的语音。

03 按照同样的方法，为视频添加其他文本并生成语音，如图 B01-4 所示。

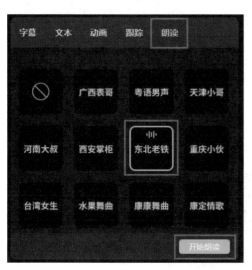

图 B01-3

图 B01-4

04 在【素材库】中搜索"海绵宝宝鲶鱼表情包"，将其放在时间线上并在画面中调整其位置和大小，将其放在画面左下角。

05 打开【抠像】功能区，选中【色度抠图】复选框，使用【取色器】吸取蓝色区域并设置【强度】为 17，如图 B01-5 所示。将蓝色区域抠除，效果如图 B01-6 所示。

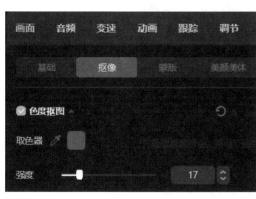

图 B01-5

图 B01-6

06 打开【音频】-【音效素材】素材库，搜索"嗯？（疑问）"素材并将其添加到时间线中，同时复制两个副本，与软件生成的语音对话，如图 B01-7 所示。

07 打开【贴纸】-【闪闪】素材库，如图 B01-8 所示。在 1 秒左右处添加贴纸，将贴纸放在人眼睛的地方，如图 B01-9 所示。然后搜索音频素材"叮声"，将其添加到时间线上，使其与贴纸同步。

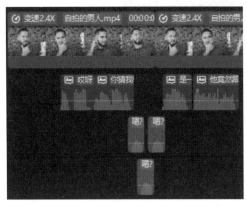

图 B01-7

图 B01-8

图 B01-9

08 打开【特效】-【人物特效】素材库，找到特效【流口水】，将其添加到时间线上的 5 秒至 8 秒处，效果如图 B01-10 所示。再搜索音效"吸溜，舔嘴唇"，将其放到时间线上，与特效同步。

图 B01-10

09 在 8 秒后添加特效【灵机一动】，如图 B01-11 所示，然后复制音效"叮声"，将其放到时间线上，与特效同步。

图 B01-11

10 在 11 秒后添加特效【拽酷红眼】，效果如图 B01-12 所示。然后搜索音效"疑问 - 啊？""打耳光"，并将其添加到时间线上，使之与特效同步。

图 B01-12

11 在 14 秒后添加特效【大头】，效果如图 B01-13 所示。然后搜索音效"啵""任务完成"，添加音效到时间线上，并使其与特效同步，这时的时间线如图 B01-14 所示。

图 B01-13

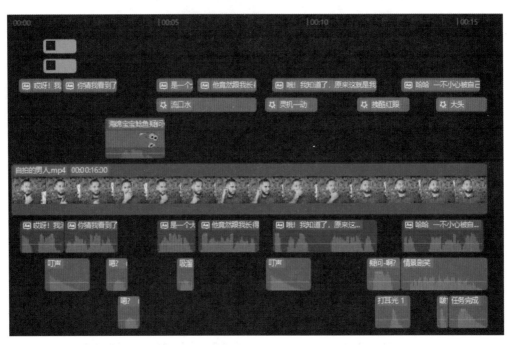

图 B01-14

12 打开【文本】-【文本模板】-【美食】素材库，在效果【大头】处，添加贴纸"好评"并修改文字为"得意"，然后打开【贴纸】-【脸部装饰】素材库，添加脸部的爱心贴纸，效果如图 B01-15 所示。

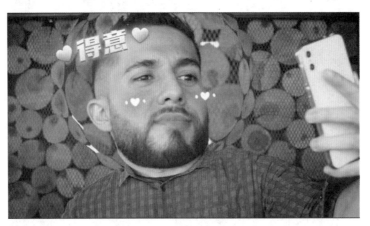

图 B01-15

13 为整段视频添加搞笑的背景音乐，播放视频查看效果。这样一个搞笑风格的短视频就制作完成了。

B01.2　综合案例——表情变换效果

部门经理手上只有一张照片，但是想要做成动态的视频，于是把这个难题交给了小森，小森立刻想到了剪映 App 中的【抖音玩法】功能，为照片添加表情的变化，然后配合文字生成语音，制作了一个非常有趣的短视频。

本案例的最终效果如图 B01-16 所示。

图 B01-16

制作思路：

01 在剪映 App 中为照片添加不同的表情，然后上传云端。

02 在剪映专业版中打开草稿，然后添加文字并转语音。

03 添加特效与音效。

操作步骤：

01 使用手机打开剪映 App，导入照片素材，点击两次【复制】按钮，在图片后方会出现两个副本。

02 选择第一张图片，打开【抖音玩法】选项卡，点击【难过】按钮，选择第二张图片；点击【酒窝笑】按钮，如图 B01-17 所示，选择第三张图片；点击【梨涡笑】按钮，这样就得到了三个表情的图片。

03 关闭草稿，将草稿重命名为"表情变换效果"并上传至"我的云空间"。

04 为了方便操作，下面的步骤使用剪映专业版进行操作。打开剪映专业版，单击草稿，如图 B01-18 所示，将草稿保存到本地后开始编辑。

图 B01-17

图 B01-18

05 为了方便编写案例步骤，这里将图片替换为对应名称的图片，如图 B01-19 所示，读者可忽略此步骤。

06 打开【文本】素材库，添加【默认文本】到时间线上，输入文字"女生说的减肥"，然后打开【朗读】功能区，选择【广西表哥】，如图 B01-20 所示。单击【开始朗读】按钮后就会生成音频。

图 B01-19

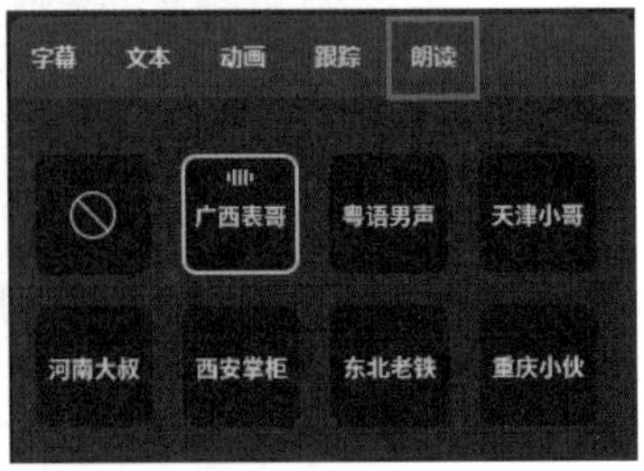

图 B01-20

07 按照同样的方法，在时间线上添加文字并生成语音，如图 B01-21 所示。

图 B01-21

08 将文字全部隐藏，根据生成的语音内容复制图片并修剪图片的持续时间，如图 B01-22 所示。

图 B01-22

09 这时图片之间表情的变化比较生硬，打开【转场】-【叠化】素材库，在所有图片之间添加转场【岁月的痕迹】，这样表情就会有慢慢变化的过程，如图 B01-23 所示。

图 B01-23

⑩ 根据语音添加特效，打开【特效】-【人物特效】素材库，添加特效【流口水】【好吃】，并修剪持续时间，效果如图 B01-24 所示。

⑪ 在后面分别添加【打击】【难过】【拽酷红眼】【尴尬住了】等特效，如图 B01-25 所示。

  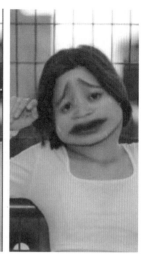

图 B01-24　　　　　　　　　　　　　　　图 B01-25

⑫ 这样配合图片就有了相应的特效，然后打开【音频】-【音效素材】素材库，搜索音效素材"女声惊讶哇哦""打雷闪电声""惊讶"，添加对应的音效到时间线上，如图 B01-26 所示。

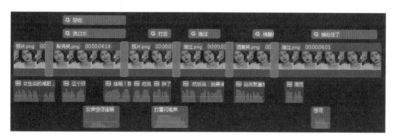

图 B01-26

⑬ 添加合适的背景音乐，播放视频查看效果。这样一个表情变换的效果就制作完成了。

B01.3　作业练习——搞笑变声效果

小森最近经常看到"废话文学"的视频，感觉非常有意思，就想自己动手制作一个，但是一个人制作受限，于是想到了剪映中的变声效果。

本作业完成效果如图 B01-27 所示。

作业思路：

打开剪映专业版，首先在【媒体】素材库中搜索"渐变背景"并添加到轨道中；然后添加文字，并将其转化为语音，形成两段对话，将另一段对话语音做变声处理；接着在【贴纸】-【遮挡】素材库中找到两个头像贴纸，添加贴纸动画，分别对应两段对话内容。

图 B01-27

本节课将介绍转场动画应用，使用剪映的转场不仅可以实现视频之间的自然切换，还可以配合动画，制作出酷炫动感的相册。

B02.1　综合案例——酷炫卡点人物相册

小森看到一种卡点相册，感觉非常酷炫，也想自己动手制作一个，于是使用剪映专业版制作了一个酷炫的电子相册，效果很不错。

本案例的最终效果如图 B02-1 所示。

图 B02-1

制作思路：

01 添加素材包制作片头。

02 根据音频节奏修剪图片时间。

03 为图片添加动画，并使用特效增加画面效果。

操作步骤：

01 打开剪映专业版，导入全部图片素材放到时间线上；然后打开【音频】-【音乐素材】-【卡点】素材库，添加合适的背景音乐并放到时间线上；然后使用【分割】工具在音频 8 秒左右分割，将后面的片段删除。

02 选择音频，单击【自动踩点】按钮，选择【踩节拍 1】选项，这时音频上出现很多节拍点，如图 B02-2 所示。

图 B02-2

03 打开【模板】-【素材包】-【片头】素材库，单击"干货分享 | 片头"，如图 B02-3 所示，将素材包添加到时间线上。

04 选择素材包右击，在弹出的菜单中选择【解除素材包】选项，然后选择文本，修改文字，效果如图 B02-4 所示。

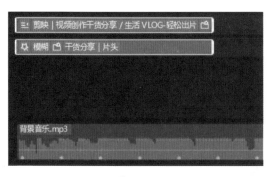

图 B02-3　　　　　　　　　　　　　　　图 B02-4

05　将所有图片素材放到时间线上，修剪图片的长度以匹配音频节拍点，在开头和结尾可以让图片的持续时间长一点，如图 B02-5 所示。

06　选择"图片（1）"，打开【动画】功能区，单击【入场】选项卡，选择【向右甩入】，如图 B02-6 所示。

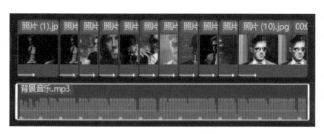

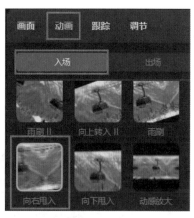

图 B02-5　　　　　　　　　　　图 B02-6

07　分别为其他图片添加【钟摆】【向下甩入】【雨刷】等入场动画，如图 B02-7 所示。

08　打开【素材包】-【片尾】，选择"UP 名字 | 片尾"并添加到时间线上，右击素材包，在弹出的菜单中选择【解除素材包】选项，只保留文字部分，修改文字内容，效果如图 B02-8 所示。

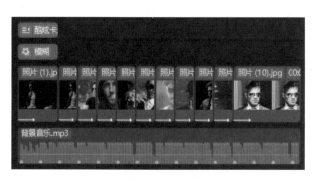

图 B02-7　　　　　　　　　　　图 B02-8

09　打开【特效】-【画面特效】-【氛围】素材库，选择特效【波纹色差】，添加到时间线上，如图 B02-9 所示。

图 B02-9

⑩ 修剪背景音乐，在最后淡出，设置【淡出时长】为 0.5 秒。这样一个酷炫卡点人物相册就制作完成了，播放序列查看效果。

B02.2　综合案例——手机滑屏效果

小森在过去的一年记录了很多美好的景色，想要分享给大家，为了让大家有眼前一亮的效果，于是使用手机滑屏制作了一个旅游时光短视频。

本案例的最终效果如图 B02-10 所示。

图 B02-10

制作思路：

① 使用抠像将手机的绿屏去掉。

② 根据手指滑屏的动作，为视频添加动画。

03 使用跟踪功能，将景色跟踪到手机上。

操作步骤：

01 打开剪映专业版，导入所有视频素材，将"背景"放到时间线上，然后单击【播放器】右下角的【比例】按钮，修改画面比例为【9：16（抖音）】。

02 添加"手机"到时间线上，打开【抠像】功能区，选中【色度抠图】复选框，单击【取色器】按钮，选择画面中的绿色，设置【强度】为24，【阴影】为16，如图 B02-11 所示。

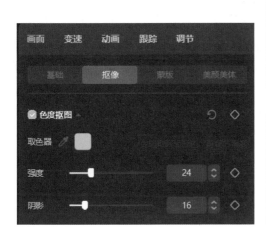

图 B02-11

03 在"背景"与"手机"轨道中间添加其他风景素材，观察画面中手指的滑动，修剪风景视频的持续时间，在手指滑动时切换，如图 B02-12 所示。

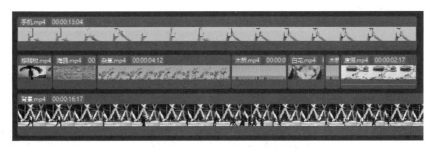

图 B02-12

04 打开【转场】-【运镜】素材库，选择转场【向上】，将其添加到所有视频之间，设置转场的【时长】为0.4秒，播放视频查看效果，保证转场能够匹配手指的滑动，如图 B02-13 所示。

05 选择所有风景的片段右击，在弹出的菜单中选择【新建复合片段】选项，将所有风景变为一个复合片段，选择复合片段，打开【跟踪】功能区，单击【运动跟踪】按钮，将黄色跟踪框放到手机上，如图 B02-14 所示，单击【开始跟踪】按钮。

06 跟踪结束后发现有些跟踪点并没有跟上，这里只能修改【位置大小】并设置关键帧，重新匹配一下，如图 B02-15 所示。

图 B02-13

图 B02-14

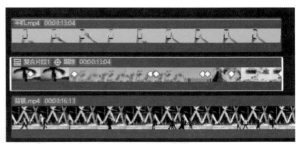

图 B02-15

07 选择"手机",打开【蒙版】功能区,选择【矩形蒙版】并单击【反向】按钮,将屏幕中间的跟踪点遮住,效果如图 B02-16 所示。

08 分别在"复合片段""手机"后面添加视频"度假",并同时在视频之间添加转场【推进】。这样视频的画面中就有了同时的转场,如图 B02-17 所示。

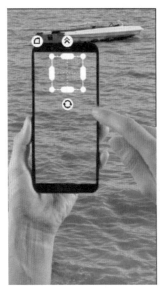

图 B02-16

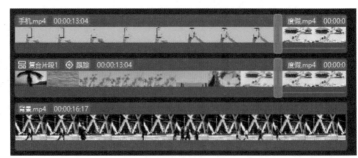

图 B02-17

09 打开【特效】-【画面特效】素材库,在转场【推进】后添加特效【星火炸开】,效果如图 B02-18 所示。

10 打开【音频】-【音乐素材】素材库,添加合适的背景音乐,在转场过程中添加【音量】关键帧,制作音量由低到高的效果;然后设置【淡入时长】【淡出时长】的时长均为 2 秒,如图 B02-19 所示。播放视频查看最终效果。

图 B02-18

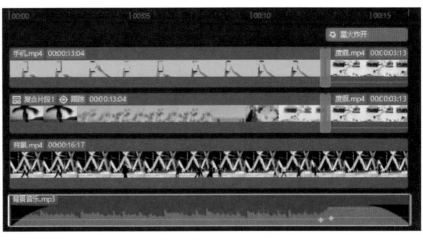

图 B02-19

B02.3　综合案例——卡点惊吓转场

最近小森看到了很多短视频，开头的视频经常会让人有吓一跳的感觉，非常有趣，自己也尝试做了一个，果然动感十足。

本案例的最终效果如图 B02-20 所示。

图 B02-20

制作思路：

🔟 添加一段动感十足的背景音乐。

02 选择足球视频，在碰撞屏幕的一瞬间切换后面的跳舞视频。

03 选择视频添加动画与特效。

操作步骤：

01 打开剪映专业版，导入全部视频素材放到时间线上，添加背景音乐到音轨上，将音频前 5 秒 12 帧修剪掉。

02 将"拳击手"视频放在开始处，根据音频节奏将其余视频修剪为 1 秒 29 帧，如图 B02-21 所示。

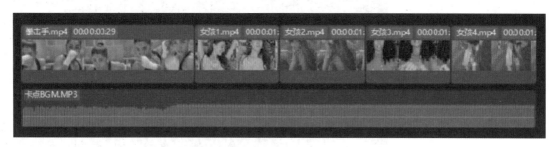

图 B02-21

03 选择"女孩1"，在【动画】功能区的【入场动画】选项卡中，单击【轻微抖动III】按钮，修改【动画时长】为 1 秒，如图 B02-22 所示。

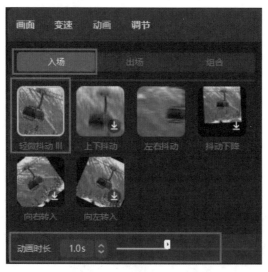

图 B02-22

04 依次为后面的视频添加【入场】动画，分别为【左右抖动】【向右上甩入】【向左上甩入】，并修改动画【时长】为 1 秒，如图 B02-23 所示。

图 B02-23

05 为了配合视频入场动画的效果，分别在视频之间添加转场，打开【转场】-【运镜】素材库，依次添加转场【推进】【向右】【向左】【色差顺时针】，如图 B02-24 所示，播放视频可以看到画面入场动画更具动感。

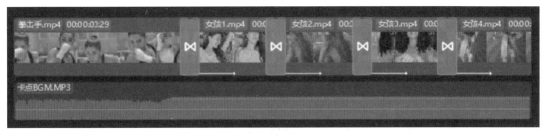

图 B02-24

06 打开【特效】-【画面特效】-【动感】素材库，添加特效【波纹色差】，效果如图 B02-25 所示。

图 B02-25

07 播放视频，感觉节奏不够强烈，添加特效【心跳Ⅱ】到时间线上，如图 B02-26 所示，设置特效【心跳Ⅱ】的【强度】为 23，【速度】为 53，播放视频查看效果。

图 B02-26

小森收到一段人物玩滑板的视频，要求为其制作一个酷炫的人物出场效果，小森看完素材后立刻有了灵感，最后效果一出来，所有人都非常满意。

本案例的最终效果如图 B02-27 所示。

图 B02-27

制作思路：

01 将视频最后一帧定格作为开头背景。

02 将人物的一帧抠像并制作入场动画。

03 添加效果，丰富画面。

操作步骤：

01 打开剪映专业版，导入素材"滑板"，将视频的前 2 秒 7 帧修剪掉，将指针移动到视频最后一帧，单击【定格】按钮，因为最后一帧人物走出画面，所以使用这一帧作为背景。

02 回到视频的第一帧，再次单击【定格】按钮，这一帧用来制作人物闪现的入场动画，选择第一个定格帧，修剪持续时间为 7 帧，如图 B02-28 所示。

图 B02-28

03 选择第一个定格帧，打开【抠像】功能区，选中【自定义抠像】复选框，使用【智能笔画】将人物抠出，如图 B02-29 所示。

04 在【动画】功能区的【入场】选项卡中单击【向右滑动】按钮，然后将抠像的定格帧与视频移动到第二个轨道，将最后的背景定格帧移动到主轨道开始处，背景用来填充人物入场前的空白时间，如图 B02-30 所示。

图 B02-29

图 B02-30

05 为了使闪现入场更加逼真，打开【特效】-【画面特效】-【动感】素材库，在播放人物定格帧入场动画时添加特效【抖动】，效果如图 B02-31 所示。

图 B02-31

06 在入场动画前后添加效果【边缘 glitch】【毛刺】【抖动】【幻彩故障】【飓风】，作为视频的装饰效果，如图 B02-32 所示。

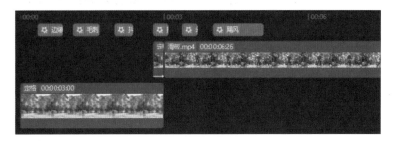

图 B02-32

07 打开【音频】-【音乐素材】素材库,添加合适的背景音乐,在【音效素材】中搜索"电视噪声""杂音""科幻转场音效",配合画面特效,将它们放到时间线中,如图B02-33所示。播放视频,查看最终效果。

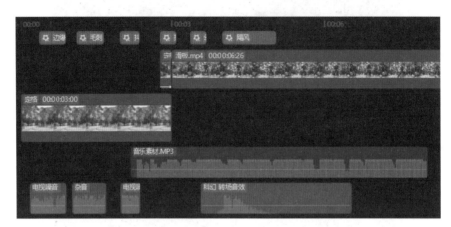

图 B02-33

B02.5　作业练习——卡点抖动效果

小森在网上看到卡点短视频非常酷,抖动的节奏感让人着迷,自己也想做一个,于是找到非常酷的小姐姐做了一个卡点抖动相册,视频效果让粉丝看了都激动起来。

本作业完成效果如图B02-34所示。

图 B02-34

作业思路:

打开剪映专业版,导入图片素材并添加背景音乐,在图片之间添加任意转场,然后选择第一张图片,添加【动画】中的组合动画。接着选择背景音乐,单击【自动踩点】按钮,选择【踩节拍1】选项,选择图片,在节拍点的位置制作关键帧动画,使图片根据节拍点抖动。最后添加特效【幻彩故障】【抖动】,增加画面动感。

B02.6 作业练习——高级感写真合集

公司接到一个项目，需要给一位明星小姐姐制作电子相册，要求独具个性、魅力四射、活力满满。小森主动请缨："这是我的女神，交给我绝对没问题。"

本作业完成效果如图 B02-35 所示。

图 B02-35

作业思路：

打开剪映专业版并导入所有图片素材，添加背景音乐与渐变的视频背景，将图片放到轨道中并根据音乐的节奏点进行剪辑。然后分别为所有的图片添加入场动画或者组合动画。根据音乐节奏，挑选部分图片制作关键帧动画。添加文本并输入文字，单击【朗读】按钮，将文本转换为语音，放在轨道中作为中间的过渡。最后添加特效【开幕】【抖动】等增加画面的动态效果。

 **读书笔记**

本节课的难度将有所提升，需要将前面所学的知识进行综合运用，制作更加复杂的效果。

B03.1　综合案例——人物出场效果

小森接到一个短视频，老板要求制作一个酷炫的人物介绍视频，要使人物显得非常厉害，就像超人一样，小森看到素材后表示小事一桩。

本案例的最终效果如图B03-1所示。

图 B03-1

制作思路：

01 准备好人物与背景素材。

02 添加文字模板到视频上。

03 添加人物特效，并根据特效搭配音效。

操作步骤：

01 打开剪映专业版，导入视频素材，将背景放到时间线上，裁剪为4秒22帧。然后打开【素材库】-【背景】素材库，添加背景素材"荧橙"到时间线上，设置【缩放】为180°，【旋转】为90°，修剪持续时间为9秒左右，如图B03-2所示。

图 B03-2

02 搜索视频素材"粒子"并放在"荧橙"的轨道上方，修改【混合模式】为【滤色】，效果如图B03-3所示。

图 B03-3

03 添加素材"迈克尔·莱恩"到第三轨道上，在【抠像】选项卡中，选中【色度抠图】复选框，使用吸管吸取绿色，设置【强度】为 21，如图 B03-4 所示。

图 B03-4

04 使用【分割】工具在 4 秒 22 帧处将"迈克尔·莱恩"素材切开，如图 B03-5 所示。

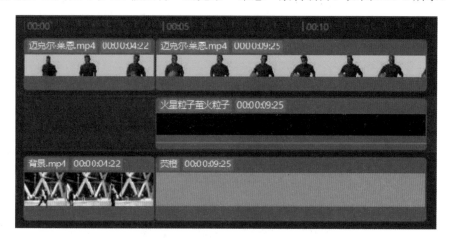

图 B03-5

05 打开【文本】素材库，添加默认文本，输入文字"SPORT"并设置文字颜色与阴影颜色，效果如图 B03-6 所示。

图 B03-6

06 这时文字挡住了人物，选择文字"SPORT""火星 粒子 萤火粒子""荧橙"右击，在弹出的菜单中选择【新建复合片段】选项，这时文字就会成为人物的背景，如图 B03-7 所示。

图 B03-7

07 打开【文本】-【文本模板】-【科技感】素材库，添加文本到时间线上并修改文字内容，效果如图 B03-8 所示。

图 B03-8

08 开始添加特效。分别添加【变身】【抖动】【闪电眼】【电击】【闪电】【我麻了】【打击】特效,并修剪持续时间,如图 B03-9 所示。

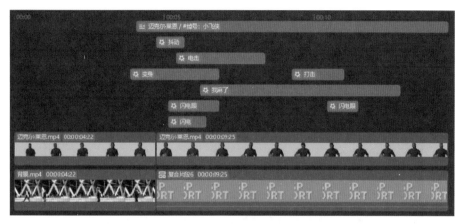

图 B03-9

09 有了特效,还需要根据特效配对应的音效。打开【音频】-【音效素材】素材库,搜索音效素材并依次添加到时间线上,如图 B03-10 所示。

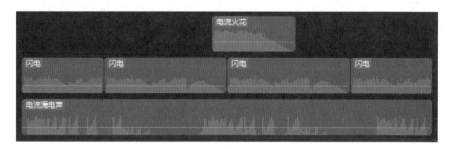

图 B03-10

10 最后添加合适的背景音乐,播放视频,效果如图 B03-11 所示。

图 B03-11

B03.2　综合案例——双重曝光效果

小森最近在网上看到了双重曝光效果，感觉很不错，于是自己找了一段素材也试了试，将制作效果发到公司的自媒体账号上，马上就爆火了，老板高兴地给小森发了奖金。

本案例的最终效果如图 B03-12 所示。

图 B03-12

制作思路：

01 将后半段视频的人物图像抠出来，然后调整一下混合模式。

02 对画面进行调色。

03 添加转场与特效。

操作步骤：

01 打开剪映专业版，导入素材"打电话"，在 5 秒处将视频分割成两段，后面的片段用来制作双重曝光效果。

02 选择后面的片段，在【抠像】选项卡中选中【智能抠像】复选框，将人物抠出来，修改【位置】为"184，0"，将人物移动到画面中间，如图 B03-13 所示。

图 B03-13

03 选择"城市全景"，将其放到抠像片段的轨道下方，作为人物的背景，效果如图 B03-14 所示。

图 B03-14

04 选择抠像的片段，修改【混合模式】为【叠加】，打开【蒙版】功能区，单击【线性】按钮，将人物底部区域擦除，设置【羽化】为 15，效果如图 B03-15 所示。

图 B03-15

05 选择抠像的片段，打开【调节】功能区，修改【色温】为 -50，【高光】为 50，【阴影】为 14，使画面中的人物更具风格，效果如图 B03-16 所示。

图 B03-16

06 打开【滤镜】-【影视级】素材库，选择【深褐】，添加到抠像的片段上，如图 B03-17 所示；调整滤镜的【强度】为 60，效果如图 B03-18 所示。

图 B03-17

图 B03-18

07 选择"城市全景"，修改【不透明度】为 80%，使人物更加明显；选择抠像的片段与"城市全景"右击，在弹出的菜单中选择【新建复合片段】选项，修剪复合片段为 6 秒左右，这时时间线如图 B03-19 所示。

图 B03-19

08 打开【转场】-【模糊】素材库，选择转场【粒子】，添加到"打电话"与"复合片段"之间，并修改转场【时长】为 1 秒，效果如图 B03-20 所示。

图 B03-20

09 添加特效。打开【特效】-【画面特效】素材库，选择【星火】并添加到时间线上，修剪特效片段的持续时间，如图 B03-21 所示。

图 B03-21

10 打开【音频】-【音乐素材】素材库，添加合适的背景音乐，播放视频查看最终效果。

B03.3 综合案例——电影开幕效果

老板给了小森一段视频，想让小森制作一个开场，要求具有电影感，画面让人看了有动身去远方的想法，小森思考了一下，马上就开始动手制作了。

本案例的最终效果如图 B03-22 所示。

图 B03-22

制作思路：

01 使用蒙版将视频上下区域遮住。

02 添加黑场与文字，制作动画。

03 修改图层混合模式，制作装饰效果。

操作步骤：

01 打开剪映专业版，导入素材"马路行驶"，将其添加到时间线上。打开【音频】素材库，添加背景音乐"史诗级大气磅礴背景音乐"，并添加 1 秒的淡入与淡出，如图 B03-23 所示。

02 选择"马路行驶"，打开【蒙版】功能区，添加【镜面】蒙版，增加画面的电影感，效果如图 B03-24 所示。

图 B03-23

图 B03-24

03 打开【媒体】素材库，在【素材库】中找到【黑场】并添加到第二轨道上，设置【不透明度】为 80%，修剪持续时间，使其与"马路行驶"一致，如图 B03-25 所示，【黑场】用来为后面的混合图层做准备。

04 打开【文本】素材库，添加默认文字，修剪持续时间为 5 秒，输入文字"YOU"并调整文字大小，设置【填充】为白色，效果如图 B03-26 所示。

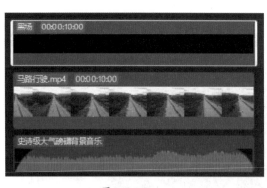

图 B03-25

图 B03-26

05 打开【动画】功能区，在【出场】选项卡中单击【闭幕】按钮，设置【动画时长】为 1 秒，效果如图 B03-27 所示。

06 在"YOU"结束后添加文字"SET OUT"，修剪持续时间为 5 秒。调整文字大小，填充为白色，在【入场】选项卡中单击【冲屏位移】按钮，设置【动画时长】为 1 秒，如图 B03-28 所示，效果如图 B03-29 所示。

07 选择【黑场】"YOU""SET OUT"右击，在弹出的菜单中选择【新建复合片段】选项，设置复合片段的【混合模式】为【变暗】，这样画面中的文字部分清晰可见，其余部分为半透明的暗色，效果如图 B03-30 所示。

图 B03-27

图 B03-28

图 B03-29

图 B03-30

08 打开【特效】-【画面特效】-【基础】素材库，添加特效【开幕】，设置持续时间为 6 秒，画面会以开幕的形式从中间缓缓打开，效果如图 B03-31 所示。

09 在 5 秒后添加特效【抖动】，设置持续时间为 2 秒左右，增加画面动感，如图 B03-32 所示。这样一个电影开幕效果就制作完成了。

图 B03-31

图 B03-32

小森接到老板安排的任务，需要制作一个水墨风格的电子相册，要给人一种焕然一新的感觉。
本案例的最终效果如图 B03-33 所示。

图 B03-33

制作思路：

01 将图片分为两段，将前面的片段调整为灰色。

02 添加水墨风格的转场。

03 添加文字并制作文字溶解动画。

操作步骤：

01 打开剪映专业版，导入素材"蒙古装""粒子消散"，将"蒙古装"放到时间线上，并修剪图片持续时间为 8 秒左右。在【动画】功能区中选择【组合】选项卡，单击【波纹滑出】按钮，这时动画的时长与图片时长相同，如图 B03-34 所示。

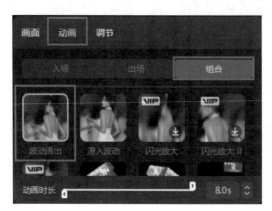

图 B03-34

02 复制图片到第二轨道，分别选择两张图片右击，在弹出的菜单中选择【创建复合片段】选项，将"复合片段1"的后4秒删除，将"复合片段2"的前4秒删除，如图B03-35所示。这样播放视频时，图片的动画能够保持流畅。

图 B03-35

03 选择"复合片段1"，在【调节】功能区中选择【基础】选项卡，修改【饱和度】为-50，【阴影】为-50，【暗角】为30，调整为黑白水墨的效果，如图B03-36所示。

04 将"复合片段2"放到主轨道上，打开【转场】-【叠化】素材库，添加转场【水墨】并修改【时长】为2秒，效果如图B03-37所示。

图 B03-36   图 B03-37

05 打开【文本】素材库，在1秒处添加文字并设置【字体】【字号】【颜色】等，效果如图B03-38所示，文本持续时间为7秒。

06 选择文本，在【动画】功能区中选择【入场动画】选项卡，添加动画【晕开】，设置【时长】为1.5秒。

07 复制一层文本，修改颜色为白色，将红色文字遮盖住，设置【出场动画】为【溶解】，【时长】为2.5秒左右，设置修剪文字持续时间为5秒左右，如图B03-39所示。

图 B03-38 　　　　　　　　　　　　　　　　　　 图 B03-39

08 在文字出现【溶解】动画时，添加素材"粒子"并调整其位置和大小，设置【混合模式】为【滤色】，这样文字就有了一种粒子消散的效果，如图 B03-40 所示。

09 打开【特效】-【画面特效】-【氛围】素材库，在【水墨】转场时，添加特效【星火炸开】，修剪特效片段的持续时间直至图片播放结束，效果如图 B03-41 所示。

图 B03-40 　　　　　　　　　　　　　　　　　　 图 B03-41

10 打开【音频】素材库，添加合适的背景音乐，播放视频查看最终效果。

B03.5　综合案例——人物漫画分屏效果

一天，小森接到任务，需要制作一个表现棒球运动员的片花，要求视频效果有激情，给人以热血沸腾的感觉，小森制作完视频后，客户非常满意。

本案例的最终效果如图 B03-42 所示。

图 B03-42

制作思路：

01 根据音频调整视频的播放速度。

02 在不同的时间添加特效。

03 添加画面特效与音效。

操作步骤：

01 打开剪映专业版，导入素材"棒球""扔球"。首先添加"扔球"到时间线上，然后添加背景音乐到时间线上并修剪音频，如图 B03-43 所示。

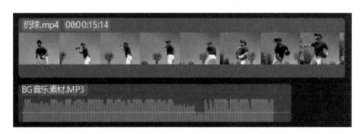

图 B03-43

02 选择"扔球"，在 10 秒处人物扔出球后将视频分割开，选择前面的片段，在【变速】功能区中选择【曲线变速】选项卡，单击【自定义】按钮，然后根据画面中的人物动作修改速度曲线，并选中【智能补帧】复选框，选择【光流法】选项，如图 B03-44 所示。这时，视频的持续变为 5 秒 24 帧左右。

03 打开【特效】-【画面特效】-【动感】素材库，在第一次视频加速时，添加效果【脉搏跳动】，修剪特效的持续时间为 7 帧左右，效果如图 B03-45 所示。

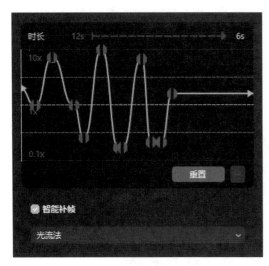

图 B03-44

图 B03-45

04 打开【贴纸】-【游戏元素】素材库，在 1 秒处添加"闪电"贴纸并修剪为 18 帧，调整贴纸到人物的眼部区域，如图 B03-46 所示。

图 B03-46

05 在 1 秒 26 帧第二次视频加速时，添加特效【色差故障 II】，设置特效的【水平色差】为 70，修剪特效持续时间为 2 秒，效果如图 B03-47 所示。

图 B03-47

06 在 2 秒 5 帧处添加特效【拽酷红眼】，修剪特效持续时间为 2 秒 20 帧，添加特效【我麻了】，效果如图 B03-48 所示。

图 B03-48

07 在 3 秒 11 帧人物动作张开并准备投球时添加特效【灵魂出窍】，并修改特效的【范围】为 26，【速度】为 10，效果如图 B03-49 所示。

图 B03-49

08 在 4 秒处添加特效【声波攻击】，增加画面的动态感，效果如图 B03-50 所示。

图 B03-50

09 在4秒22帧处添加特效【抖动】，进一步增加画面动感。

10 打开【贴纸】-【边框】素材库，添加白色线条边框贴纸，设置【旋转】为90°，效果如图B03-51所示。

图 B03-51

11 在最后人物投出球时，打开【贴纸】素材库中的【游戏元素】选项卡，添加白色条纹贴纸，如图 B03-52 所示。

图 B03-52

12 修剪特效的持续时间，这时的时间线如图 B03-53 所示。

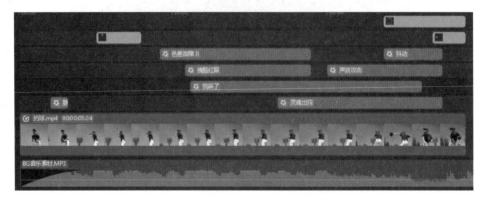

图 B03-53

⑬ 添加视频"棒球"到"扔球"后，在【变速】功能区中选择【常规变速】选项卡，设置【倍数】为 4x，然后修剪视频，只要人物击球的 1 秒左右片段，效果如图 B03-54 所示。

图 B03-54

⑭ 打开【媒体】素材库，搜索"卡通动漫爆炸转场"，在 6 秒 10 帧处将其添加到第二轨道上，如图 B03-55 所示。

图 B03-55

⑮ 在视频"棒球"之后添加视频"扔球"，在【变速】功能区中选择【常规变速】选项卡，设置【倍数】为 0.4x，修剪视频，只要扔球时的 3 秒左右，效果如图 B03-56 所示。

图 B03-56

⑯ 打开【特效】-【画面特效】-【漫画】素材库，在6秒17帧处添加特效【三格漫画】，修剪特效持续时间直至视频结束，效果如图 B03-57 所示。这时的时间线如图 B03-58 所示。

图 B03-57

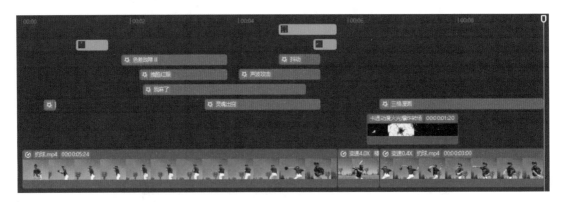

图 B03-58

⑰ 打开【动感】选项卡，在6秒17帧处添加特效【抖动】【霓虹灯】，修剪特效持续时间直至视频结束，效果如图 B03-59 所示。

图 B03-59

⑱ 复制前面的白色线条边框贴纸，放到6秒17帧处，效果如图 B03-60 所示。

图 B03-60

⑲ 打开【音频】-【音效素材】素材库,搜索"电流""纷争开始""科幻的气流带有电流音效素材""炸弹爆炸"等音效素材,配合画面效果,将其添加到时间线上,如图 B03-61 所示。制作完成后播放视频,查看最终效果。

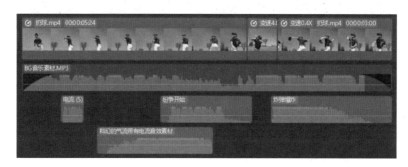

图 B03-61

B03.6 综合案例——分屏集合效果

现在分屏效果的短视频非常火,老板也很喜欢,想让小森也制作一个。正好可以制作一个模特展示的短视频,小森制作完成后,效果非常棒,视频流量非常高。

本案例的最终效果如图 B03-62 所示。

图 B03-62

制作思路：

01 根据分屏的贴纸将视频片段裁切好。

02 根据音频节奏制作关键帧动画、入场动画。

03 添加视频特效。

操作步骤：

01 打开剪映专业版，导入全部视频素材，打开【音频】-【音乐素材】素材库，添加合适的背景音乐，然后打开【贴纸】-【边框】素材库，添加"分屏的白色边框"，并调整边框【旋转】为90°，如图 B03-63 所示。

图 B03-63

02 添加"女孩（2）"到时间线上，设置【位置】为"-1276，0"。打开【蒙版】选项卡，单击【线性蒙版】按钮，调整蒙版的【位置】为"458，32"，【旋转】为-101°，匹配白色分屏边框，如图 B03-64 所示。

图 B03-64

03 添加"女孩（1）"到时间线上，设置【位置】为"1588，-405"，【缩放】为67%，然后打开【蒙版】选项卡，单击【线性蒙版】按钮，调整蒙版的【位置】【旋转】属性，效果如图 B03-65 所示。

04 添加"女孩（3）"到时间线上，然后调整【位置大小】并添加【线性蒙版】，效果如图 B03-66 所示。

图 B03-65

图 B03-66

05 选择"女孩（3）"然后右击，在弹出的菜单中选择【新建复合片段】选项。这样在复合片段上可以再次添加线性蒙版，用来匹配白色边框，如图 B03-67 所示。

图 B03-67

06 添加视频"女孩（4）"到时间线上，调整【位置大小】属性，然后添加【线性蒙版】。使用相同的方法，选择"女孩（4）"右击，在弹出的菜单中选择【新建复合片段】选项，然后在复合片段上再次添加【线性蒙版】，匹配白色边框，效果如图 B03-68 所示。

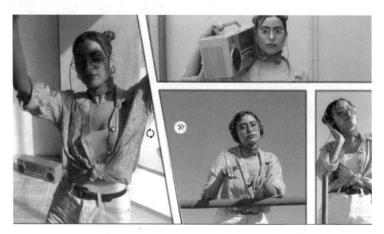

图 B03-68

07 在【动画】功能区中选择【入场动画】选项卡，分别给 4 个位置的视频添加动画，即【向左滑动】【向右滑动】【向上滑动】【向下滑动】，入场动画一定要对应视频的位置，效果如图 B03-69 上红色箭头所示。

图 B03-69

08 根据音频节奏修剪视频片段，让视频先后出现，并按照顺序消失，如图 B03-70 所示，这样就使画面有了节奏感。

图 B03-70

09 当视频片段都消失后，根据音频节奏，在 5 秒 20 帧处复制两个视频片段，并修剪片段时长为 13 帧，让画面中只显示两个区域的片段，效果如图 B03-71 所示。

图 B03-71

10 选择另外两个区域的片段，修剪为 13 帧，效果如图 B03-72 所示。

图 B03-72

11 继续选择两个区域的片段，修剪为 13 帧，效果如图 B03-73 所示。

图 B03-73

12 继续选择两个区域的片段，修剪为 13 帧，效果如图 B03-74 所示，修剪完成后时间线应该如图 B03-75 所示。

图 B03-74

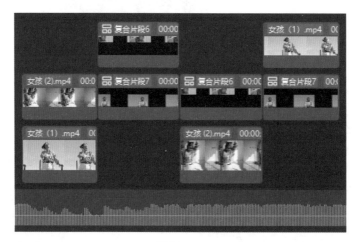

图 B03-75

⑬ 在 7 秒 21 帧音频节奏高潮时，显示全部的片段，如图 B03-76 所示。

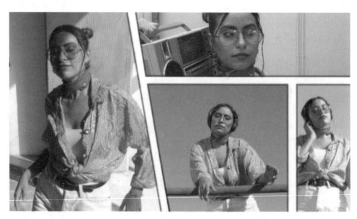

图 B03-76

⑭ 移动白色分屏边框到 7 秒 21 帧处。

⑮ 为了前后形成对比，打开【特效】-【画面特效】-【动感】素材库，选择【彩色火焰】，将特效添加到"女孩（2）"片段上，效果如图 B03-77 所示。

图 B03-77

16 分别为其他 3 个视频片段添加特效【幻彩故障】【横纹故障】【迪斯科】，效果如图 B03-78 所示。

图 B03-78

17 在 3 秒 21 帧处添加特效【闪黑】，配合视频片段闪动的动画，特效一直持续到 7 秒 21 帧处分屏贴图出现，效果如图 B03-79 所示。

图 B03-79

⑱ 在 7 秒 21 帧处添加特效【冲击波】，制作画面冲击效果，如图 B03-80 所示。这样整个案例就制作完成了，播放视频查看最终效果。

图 B03-80

B03.7 综合案例——四季变换效果

老板看到一个神奇的短视频，同一个场景下可以实现四季变换的效果，想在公司的账号上发布，他把任务交给小森，小森看到视频后几分钟搞定，视频发布出来后受到了一致好评。

本案例的最终效果如图 B03-81 所示。

图 B03-81

制作思路：

01 用原视频创建副本作为四季的片段。

02 根据四季的特点分别调整四个片段的颜色。

03 添加文字并制作动画。

操作步骤：

01 打开剪映专业版，导入素材"森林"，复制素材创建副本，使用这个副本来制作"春天"的色调。春天的颜色就是嫩绿色，选择副本，在【调节】功能区中，设置【色调】为-50，【阴影】为 50，效果如图 B03-82 所示。

图 B03-82

02 打开【HSL】选项卡，单击绿色的色环，然后调节【色相】为-34，【饱和度】为29，【亮度】为33，如图 B03-83 所示。

03 打开【曲线】选项卡，调整【亮度】曲线，如图 B03-84 所示。调整【绿色通道】曲线，如图 B03-85 所示。调整【蓝色通道】曲线，如图 B03-86 所示。"春天"色调的最终效果如图 B03-87 所示。

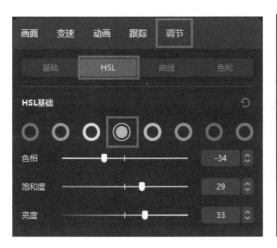

图 B03-83

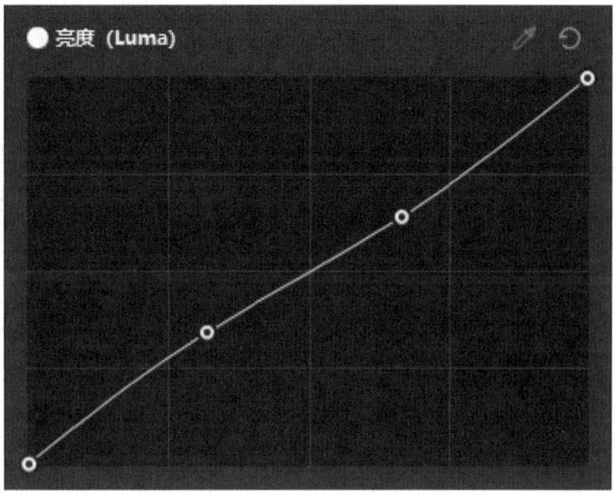

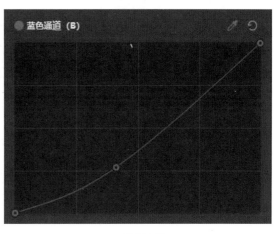

图 B03-84

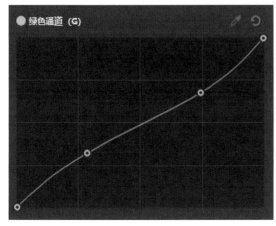

图 B03-85

图 B03-86

图 B03-87

04 打开【蒙版】选项卡，单击【线性】按钮，设置【位置】为"-960，0"，【旋转】为-90°，在 2 秒处添加关键帧，这时副本"春天"在画面中完全消失，移动指针到 2 秒 20 帧处，修改蒙版【位置】为"-480，0"，制作一个蒙版动画，效果如图 B03-88 所示。

图 B03-88

05 添加"森林"到第三轨道上，将视频前 3 秒 10 帧修剪掉，将这一片段调整为"夏天"的色调，画面中的绿色偏深，打开【调节】功能区，设置【色调】为-50,【对比度】为 9,【高光】为 16,【阴影】为 22,【光感】为 7，效果如图 B03-89 所示。

图 B03-89

06 打开【曲线】选项卡，调整【亮度】曲线，如图 B03-90 所示。这样"夏天"的色调就调整好了，效果如图 B03-91 所示。

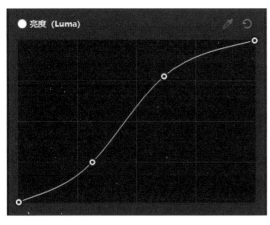

图 B03-90

图 B03-91

07 在【蒙版】选项卡中单击【线性蒙版】按钮，在 3 秒 10 帧处设置蒙版【位置】为"-480，0"，设置【旋转】为 -90° 并添加关键帧。

08 在 4 秒处修改蒙版【位置】为"0，0"，制作蒙版的关键帧动画，然后修改图层的【层级】为 1，让"夏天"图层显示出来，效果如图 B03-92 所示。

09 添加"森林"到第四轨道上，将视频前 4 秒 20 帧修剪掉。接下来将这一片段调整为"秋天"色调，"秋天"的色调偏黄，设置【色温】为 50，【色调】为 -29，【饱和度】为 -13，【亮度】为 37，【高光】为 28，【阴影】为 -18，【光感】为 22，效果如图 B03-93 所示。

图 B03-92

图 B03-93

10 打开【HSL】选项卡，分别调整第二、第三、第四个色环的【色相】【饱和度】【亮度】，使画面中的颜色都偏黄色，如图 B03-94 所示

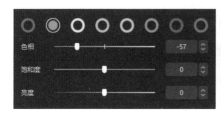

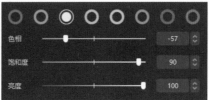

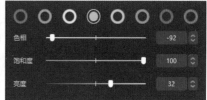

图 B03-94

⑪ 打开【曲线】选项卡，调整【红色通道】曲线，如图 B03-95 所示，效果如图 B03-96 所示。

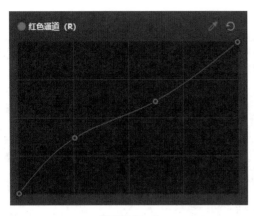

图 B03-95

图 B03-96

⑫ 打开【色轮】选项卡，调整【阴影】色轮为偏黄色，如图 B03-97 所示。这样画面中的"秋天"色调就制作完成了，效果如图 B03-98 所示。

图 B03-97

图 B03-98

⑬ 在【蒙版】功能区中打开【线性蒙版】选项卡，制作蒙版动画，并修改图层的【层级】为 1，让"秋天"图层显示出来，如图 B03-99 所示。

图 B03-99

14 添加"森林"到第五轨道上，将视频前6秒修剪掉，将这个片段调整为"冬天"的色调，"冬天"色调的特点就是颜色饱和度低，画面整体亮度高，打开【调节】功能区，在【基础】选项卡中修改【饱和度】为-50，【亮度】为50，【对比度】为34，【高光】为31，【光感】为30，效果如图B03-100所示。

图 B03-100

15 打开【蒙版】功能区的【线性蒙版】选项卡，制作蒙版关键帧动画，修改图层的【层级】为1，让"冬天"图层显示出来，效果如图B03-101所示。

图 B03-101

16 打开【文本】素材库，添加文字并编辑文字样式，在【动画】功能区中打开【入场动画】选项卡，添加【逐字翻转】动画，最终效果如图B03-81所示。

17 打开【音频】素材库，添加合适的背景音乐。这样一个视频的四季变换效果就制作完成了。

B03.8 综合案例——动漫式射门

公司接到一个项目，需要小森制作一个足球射门的精彩瞬间，要求动感十足，要有镜头感，小森出色地完成了任务，视频效果非常棒。

本案例的最终效果如图B03-102所示。

图 B03-102

制作思路：

01 找到视频片段的踢球瞬间，作为同步点。

02 分别裁剪视频片段，排列在画面上的不同区域。

03 分别添加贴纸，并制作画面效果。

操作步骤：

01 打开剪映专业版，导入视频素材"倒挂射门""足球特写""竖屏"，选择"倒挂射门"，将其添加到时间线上，视频的播放速度太慢，打开【变速】功能区，设置视频的【倍数】为 3.0x，如图 B03-103 所示。

02 在 3 秒 4 帧处，画面中人物射门的一瞬间将视频分割为两个片段，然后选择后面的片段，修改视频的变速【倍数】为 0.3x，将视频片段修剪为 3 秒左右。

03 将慢放的片段移动到第二层轨道，在【抠像】选项卡中，选中【智能抠像】复选框，将画面中的人物抠出，然后打开【媒体】-【素材库】素材库，添加【白场】到主轨道上作为背景，效果如图 B03-104 所示。

图 B03-103

图 B03-104

04 打开【转场】-【模糊】素材库，在【白场】开始处添加转场【模糊】，如图 B03-105 所示。

图 B03-105

05 添加视频"竖屏"到第三层轨道，将视频前 7 秒左右修剪掉，修改视频的【变速】倍数为 0.2x，设置【智能补帧】为【光流法】，修剪视频为 3 秒左右，如图 B03-106 所示。

图 B03-106

06 选择"竖屏"，调整视频【位置】【缩放】【旋转】等属性，放在屏幕左侧区域。打开【蒙版】选项卡，单击【矩形蒙版】按钮，调整蒙版属性，显示画面中的脚部特写，效果如图 B03-107 所示。

图 B03-107

07 打开【贴纸】-【边框】素材库，选择白色条纹的边框，放到时间线上并调整位置，放在"竖屏"的位置，效果如图 B03-108 所示。

08 选择"竖屏"与贴纸右击，在弹出的菜单中选择【新建复合片段】选项，然后选择"复合片段 1"，添加【位置】关键帧，制作从下向上的入场动画，效果如图 B03-109 所示。

图 B03-108 图 B03-109

⓺ 重复以上步骤，添加"竖屏"到第四层轨道，将视频前 5 秒修剪掉，设置视频的变速倍数为 0.3x，修剪片段的时长为 3 秒左右，如图 B03-110 所示。

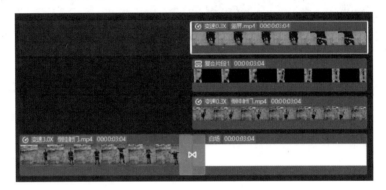

图 B03-110

⓾ 打开【蒙版】选项卡，单击【矩形蒙版】按钮，调整蒙版属性，显示画面中的上半身特写，调整【位置】【缩放】【旋转】等属性，将上半身特写放在屏幕的中间区域，效果如图 B03-111 所示。

⓫ 添加白色边框贴纸，放在图像上，效果如图 B03-112 所示。

图 B03-111 图 B03-112

12 选择视频"竖屏"与白色贴纸右击，在弹出的菜单中选择【新建复合片段】选项，新建"复合片段2"，如图B03-113所示。然后选择"复合片段2"，在【蒙版】选项卡中单击【线性】按钮，将"复合片段2"的右侧区域遮住，效果如图B03-114所示。

13 选择"复合片段2"，添加【位置】关键帧，制作从上向下的入场动画，效果如图B03-115所示。

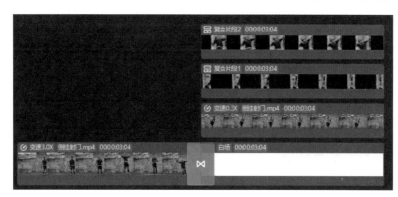

图 B03-113

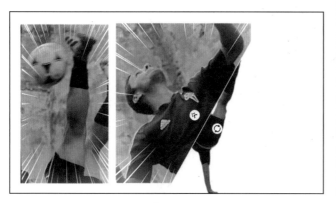

图 B03-114

图 B03-115

14 添加"足球特写"到第五层轨道，将前2秒修剪掉，在【变速】功能区中，设置视频的变速【倍数】为0.2x，调整片段的【位置】【缩放】【旋转】等属性，这次将其放在屏幕右侧区域，如图B03-116所示。

15 打开【贴纸】素材库，添加白色边框贴纸到"足球特写"上，效果如图B03-117所示。

图 B03-116

图 B03-117

16 选择"足球特写"与贴图右击，在弹出的菜单中选择【新建复合片段】选项。选择"复合片段3"，在【蒙版】选项卡中单击【线性】按钮，将复合片段的左侧区域遮住，效果如图 B03-118 所示。

图 B03-118

17 选择"复合片段3"，添加【位置】关键帧，制作从下向上的入场动画，效果如图 B03-119 所示。

图 B03-119

18 这时发现"倒挂射门"被遮住，选择片段，修改【层级】为4，将人物显示在最上层，效果如图 B03-120 所示。

图 B03-120

⑲添加音乐素材"Cinematic Racing"到时间线上，根据视频内容修剪合适的片段，淡出【时长】设置为 1 秒，如图 B03-121 所示。这样一个动漫式射门效果就制作完成了，播放视频查看最终效果。

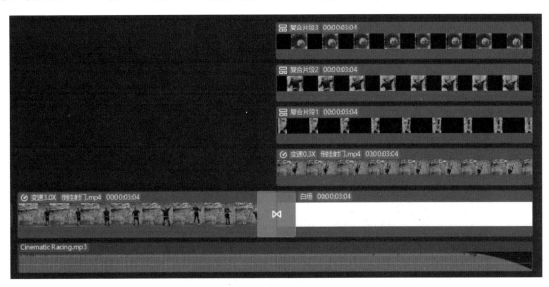

图 B03-121

B03.9　作业练习——狂野西部短片

小森马上要去参加赛马的活动了，这个活动让小森非常着迷，因为会看到很多西部牛仔，小森想要制作一个短片，留住这些精彩瞬间。要表现出活动的风格，要狂野、要冷酷、要桀骜不驯。

本作业完成后，效果如图 B03-122 所示。

图 B03-122

作业思路：

打开剪映专业版并导入素材，添加素材与背景音乐，根据音乐节奏修剪图片、视频。然后选择图片，分别添加入场、出场或组合动画。接着在背景音乐合适的节奏点处，制作图片的关键帧动画。最后添加一些【抖动】【电影感】等特效，播放视频查看效果。

B03.10 作业练习——浪漫氛围贴纸

小森和一个小姐姐恋爱了，想要把短视频制作出恋爱的感觉，以后留作纪念。需要将小姐姐的心情表现出来，要可爱，要有心动的感觉。

本作业完成后，效果如图 B03-123 所示。

图 B03-123

作业思路：

打开剪映专业版并导入素材，添加多种贴纸放到轨道中，分别为贴纸制作关键帧动画，使贴纸从中心位置向四周移动。然后选择视频与全部贴纸右击，在弹出的菜单中选择【新建复合片段】选项。再次添加视频素材到轨道中，使用【智能抠像】功能将人物抠出。最后添加【浪漫氛围】【气氛泡泡】等特效。

总结

学习完 B 篇实战篇的所有案例，就能够基本掌握剪映的所有功能的使用方法，可以自由地发挥自己的创意，举一反三，完成一系列复杂的效果制作。

 读书笔记

C 网络短剧制作篇

实拍技巧 创意发挥

本篇将完整地讲解短视频创作的过程，包括从前期的创意策划，到中期的拍摄，再到后期制作，带领读者体验实际工作中短剧制作的整个过程，总结实战经验与技巧。

小森的城市下雪了，接到甲方的任务，要利用雪景拍摄一段非常有意境的短剧，以展现下雪天的优美景色。小森完成了这个项目后，甲方对他的工作非常满意。

为了准备外拍雪景，我们需要提前设计一个简单的脚本，将大致的内容整理出来，如表C01-1所示。

表C01-1

景　　别	时　　长	拍摄内容	备　　注
固定镜头	16	女士从镜头左侧进入，缓缓向前	
全景	4	停在树下使用手机拍照	
全景	10	女士用手机环顾周围雪景	
特写	8	在雪地上留下脚印	舒缓的背景音乐
固定镜头	4	树上的积雪飘落下来	
中景	9	女士仰面用手接住落雪	
特写	4	树枝上的积雪	

操作步骤：

01 准备拍摄设备。这里涉及外景，最好使用微单进行拍摄，笔者使用的相机为Sony微单数码相机。对于一些固定镜头，可使用三脚架进行拍摄，如图C01-1所示。

图C01-1

02 正式拍摄。拍摄时需要调整对焦模式，一般使用手动对焦，对于个别镜头，会使用跟踪对焦。在拍摄落雪的镜头时，需要调整拍摄的帧速率，将帧速率提高到120fps，这样后期在使用视频时，即使慢放也不会影响视频的清晰度。

03 剪辑视频。将拍摄好的素材导入剪映专业版中，按照脚本的顺序将几个镜头排列好，然后将视频多余的部分修剪掉，如图C01-2所示。

图 C01-2

04 添加背景音乐。添加一段舒缓的背景音乐，并对其进行剪辑，使其时长与视频时长相同，并在音乐的开始、结束时添加淡入、淡出效果。

05 视频调色。统一画面的整体明亮度，并调整为偏冷的色调，如图 C01-3 所示。

图 C01-3

06 生成故事文案。使用人工智能生成一段古诗。古诗共四句，主要描述女子雪中漫步、沐雪和赏雪的情景，如图 C01-4 所示。

图 C01-4

07 对生成的古诗进行调整和完善，然后将其放在视频中的合适位置，效果如图 C01-5 所示。

图 C01-5

完成以上步骤后，预览视频，查看效果。这样外拍的雪景 Vlog 就制作完成了。

 读书笔记

小森接到一个拍摄短剧的任务。故事大概讲的是在办公室内，两位深藏不露的绝世高手因为一本失传已久的武林秘籍爆发矛盾，各自施展武林绝学，争斗到最后才发现是一场误会。

首先，在制作短剧之前要写一个拍摄脚本，将需要拍摄的镜头、内容、台词等写清楚，脚本如表C02-1所示。

表C02-1

景别运镜	时　　长	拍摄内容	台　　词	备　　注
推镜头	2	拍摄书架上的一本Premiere Pro书，然后两只手同时拿书	无	
拉镜头	4	两人背对镜头，眼神对峙	疑问画外音	突然的音效
	1	插入猫咪对峙片段		
特写	5	一人用手阻止对方拿书	无	
近景	3	两人手部暗自较劲	无	拉扯音效
近景	2	黑衣男用力将书拿出	无	拉扯音效
中景	3	黑衣男手指向白衣男，将其劝退	无	
	2	插入猫咪对峙片段	无	
中景	2	白衣男转身	~	哔音效
中全景	2	黑衣男愤怒扔书	~	哔音效
近景	2	准备偷袭白衣男	无	紧张音乐
		插入猫咪打斗片段	无	
特写	1	拳头冲向白衣男头部	无	紧张音乐
近景	2	被白衣男躲过	无	打斗音效
全景	3	双方开始打斗	无	
	2	插入猫咪打斗片段	无	
俯视镜头	2	双方交手	无	
中景	1	黑衣男摆出架势	无	
中景	1	白衣男摆出架势	无	
中全景	3	双方打斗	无	
近景	2	黑衣男肘击白衣男	无	
中景、推	2	白衣男嘴角出血，一脸惊愕	无	
中全景	2	白衣男反击	无	
中景、仰视	3	继续打斗、过招	无	紧张音乐
中景、仰视	2	白衣男击退黑衣男	无	打斗音效
中景、仰视	3	白衣男伸出食指挑衅	无	震惊音效
中景	1	双方向前冲，继续打斗	无	
仰视、旋转	2	双方交手过程	无	
近景	3	双方继续过招（手部）	无	
近景	1	黑衣男眼神犀利	无	
近景	1	白衣男眼神犀利	无	
近景	3	双方继续过招（腿部）	无	
近景	2	双方眼神对峙	无	

办公室情景短剧（拍摄脚本）

景别运镜	时　长	拍摄内容	台　词	备　注
近景	3	白衣男使出无影脚招式	无	
中全景	2	被黑衣男挡住	无	
全景、俯视	3	双方继续过招	无	
特写	2	白衣男被绊倒	无	紧张音乐
全景	3	白衣男回头起身，摆出架势	无	打斗音效
全景	4	双方对峙，不断移动	无	震惊音效
中全景	4	双方对立视角切换	无	
	1	插入猫咪片段，第三只猫出现	无	
中全景	4	第三人出现	干吗呢？这书怎么扔地上了？	尴尬音乐
特写	2	双方同时捡书		
中景	4	双方继续抢书	哎，一本书至于吗？	
摇镜头	2	镜头转向书架	这不有的是吗？	
摇镜头	3	两人蹲着面对书架，尴尬对视		尴尬音乐

操作步骤：

01 准备拍摄设备。准备好脚本后，开始准备拍摄的设备，因为剧情主要发生在办公室，为了使镜头更生活化，可以使用手机进行拍摄。

02 布置场景灯光。根据脚本可以确定拍摄的场景。场景固定在室内书架的位置周围，但是书架周围的灯光并不均匀，需要额外灯光的辅助，这里将使用灯光进行补光，将灯光设备放在书架的斜对面。这样，人物身上的光线基本就没有什么问题了，场景效果如图 C02-1 所示。

图 C02-1

03 准备道具。这里使用的道具是两件 T 恤（一件黑色、一件白色）和书架（包括书架上的书），如图 C02-2 所示。

图 C02-2

04 正式拍摄。进入正式拍摄阶段后，就要考虑实际的运镜、景别，以及怎样能更好地表现情节。因为涉及很多人物动作的镜头，根据实际情况，可能会在脚本内容的基础上做出调整，如图 C02-3 所示。

图 C02-3

05 剪辑视频。进入后期制作部分。打开剪映专业版，首先根据脚本内容导入全部实拍素材，然后将视频片段中多余的部分修剪掉，将大致剧情粗剪出来，后面在制作过程中可以根据实际情况进行修改，如图 C02-4 所示。

图 C02-4

06 添加特效和贴图。有了大致剧情后，开始添加特效、贴图等素材，将贴纸放在人物各种动作的位置，使视频效果更丰富，突出人物表现力，如图 C02-5 所示。

图 C02-5

07 添加音乐音效。分别在两人拿书时、画面镜头拉远时、出现贴图和特效时，以及两个人打斗过程中，添加"冲出""悬疑声""拉扯粗麻绳的声音""武打片常用配乐"等各种动作音效，部分音效如图 C02-6 所示。

图 C02-6

08 添加滤镜并为视频统一进行调色。添加滤镜【蓝灰】【硬朗】到时间线上并调整滤镜的强度。添加调节层并放到轨道中，设置参数如图 C02-7 所示。设置滤镜的持续时间直至视频结束，注意要保证颜色的统一，效果如图 C02-8 所示。

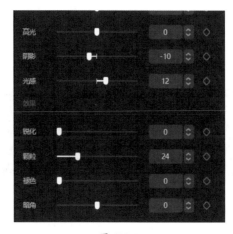

图 C02-7

图 C02-8

09 添加字幕。为视频中人物说话的片段添加字幕，并设置两种字幕样式，如图 C02-9 所示。播放视频查看最终效果，这样一个小短剧就制作完成了。

图 C02-9

📖 **读书笔记**